WERKSTATTBÜCHER

FÜR BETRIEBSFACHLEUTE, KONSTRUKTEURE UND STUDIERENDE

HERAUSGEBER DR.-ING. H. HAAKE, HAMBURG

HEFT 87

# Die Kraftübertragung durch Zahnräder

Betriebsverhältnisse, Abmessungen und Bauformen
der Zahnräder in Vorgelegen und Umlaufgetrieben

Von

Dipl.-Ing. Hermann Trier

ehem. Oberstudienrat am O. v. Miller Polytechnikum
München

**Vierte umgearbeitete Auflage**
(20. bis 29. Tausend)

Mit 80 Abbildungen

Springer-Verlag

Berlin / Göttingen / Heidelberg

1962

# Inhaltsverzeichnis



## Empfehlenswertes Schrifttum


[1] DIETRICH, G.: Berechnung von Stirnrädern, Düsseldorf: VDI-Verlag 1952.
[2] Dubbels Taschenbuch für den Maschinenbau, 12. Aufl., Berlin/Göttingen/Heidelberg: Springer 1961.
[3] Klingelnberg Technisches Hilfsbuch, 14. Aufl., Berlin/Göttingen/Heidelberg: Springer 1960.
[4] NIEMANN, G.: Maschinenelemente Bd. 2, Getriebe. Berlin/Göttingen/Heidelberg: Springer 1960. (Berichtigter Neudruck 1961.)
[5] WOLF, A.: Die Grundgesetze der Umlaufgetriebe, 2. Aufl., Braunschweig: Vieweg & Sohn 1958.
[6] TRIER, H.: Die Zahnformen der Zahnräder, 5. Aufl. (Werkstattbücher H. 47). Berlin/Göttingen/Heidelberg: Springer 1958.





ISBN 978-3-540-02926-7     ISBN 978-3-642-86298-4 (eBook)
DOI 10.1007/978-3-642-86298-4

# I. Betriebsverhältnisse

**1. Das Gleiten der Zahnflanken.** Gleitet die ebene Fläche $F$ eines Körpers $1$ (Abb. 1) von der Länge $B$ auf der ebenen Fläche $f$ eines Körpers $2$ von der Länge $b$ derart, daß Punkt $a$ nach $e$ kommt, dann ist der *Gleitweg* des Körpers $1$ $(B - b)$. Gleitet umgekehrt Körper $2$ (Abb. 2) auf Körper $1$, so daß wieder $a$ nach $e$ gelangt, dann ist der *Gleitweg* des Körpers $2$ nur *zahlenmäßig* betrachtet der gleiche wie oben.

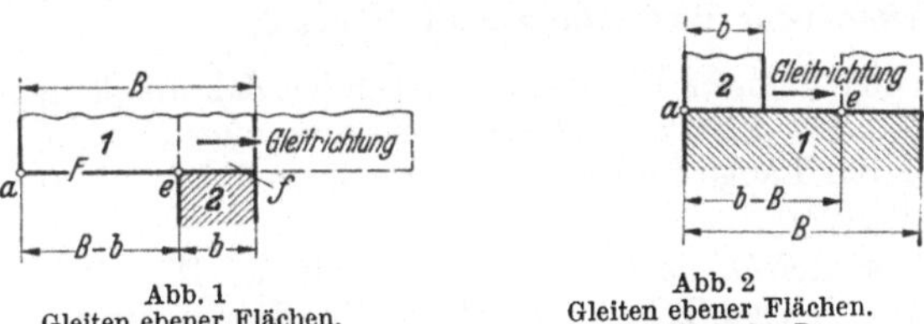

Abb. 1
Gleiten ebener Flächen.
Gleitweg $B$—$b$

Abb. 2
Gleiten ebener Flächen.
Gleitweg $b$—$B$

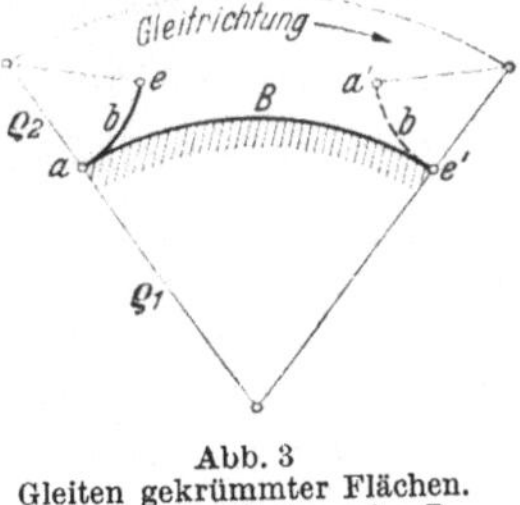

Abb. 3
Gleiten gekrümmter Flächen.
Wälzweg $b$; Gleitweg $b$—$B$

Die Folgen des Gleitens, z. B. Abnützung, sind dagegen für Körper $1$ (Abb. 1) andere als für Körper $2$ (Abb. 2). Denn bei gleichem Werkstoff beider Körper

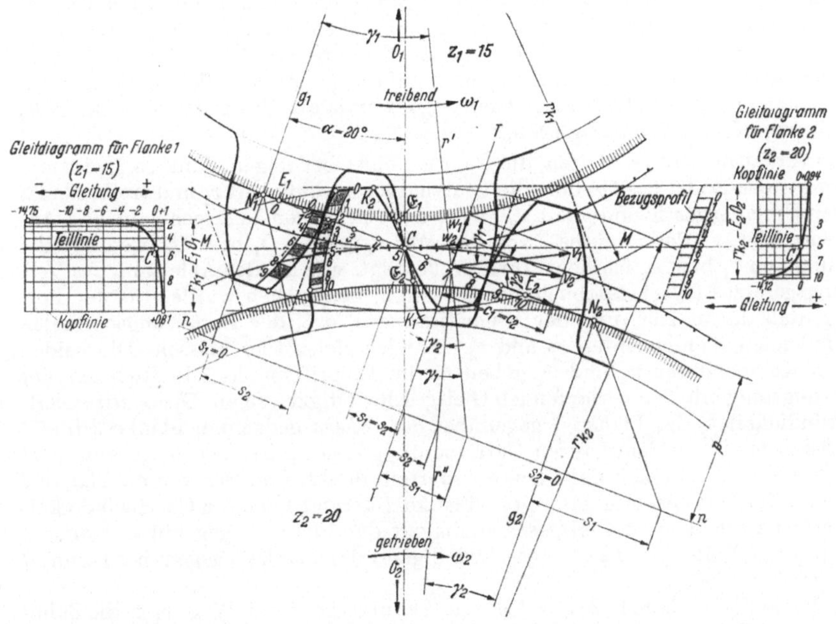

Abb. 4. Aufzeichnen der Gleitmarken, des spezifischen Gleitens und der Gleitdiagramme

wird sich $1$ bedeutend weniger abnutzen als $2$. Um dies kenntlich zu machen, soll der Gleitweg stets eine *positive* Größe sein, wenn die Länge $B$ des Körpers $1$, dessen Gleitweg bestimmt werden soll, *größer* ist als die Länge $b$ des Körpers $2$. Der Gleit-

---

Anmerkung: Die ersten Auflagen dieses Buches sind 1940, 1949 und 1955 erschienen.

1*

weg ist ein *negativer* Wert, wenn die Länge $b$ des Körpers *2*, dessen Gleitweg gesucht ist, *kleiner* ist als die Länge $B$ des Körpers *1*. Der Gleitweg des Körpers *2* (Abb. 2) auf *1* wird daher durch $(b - B)$ ausgedrückt. Die Fläche mit der Länge $B$ wird sich um so weniger abnutzen, je kleiner ihr Gleitweg $(B - b)$ im Vergleich zur Länge $B$ ist, also je kleiner der Bruch $(B - b)/B$ wird. Man heißt:

$(B - b)/B$ das *verhältnismäßige Gleiten*, oder die *Gleitung* des Körpers *1*,

$(b - B)/b$ das *verhältnismäßige Gleiten*, oder die *Gleitung* des Körpers *2*.

Sinngemäß gilt das gleiche bei gekrümmten Flächen, also auch bei Zahnflanken, wenn deren Bogenlängen $B$ und $b$ mit den augenblicklichen Krümmungsradien $\varrho_1$ bzw. $\varrho_2$ auf einem Bogenstück von der Länge $b$ abrollen, das restliche Stück $b - B$ aber gleitend zurücklegen (Abb. 3).

Bestimmung der Gleitung durch *Zeichnung* (Abb. 4). Man teilt die Eingriffsstrecke $E_1 E_2$ in eine beliebige Zahl gleicher Teile (z. B. 10) und bestimmt die zugehörigen Teilpunkte auf der Zahnflanke *1* durch Kreise um $O_1$, auf der Zahnflanke *2* durch Kreise um $O_2$. Die Abstände der Punkte, d. h. die Breite der zum Teil durch Staubkorn hervorgehobenen Felder sind an den Kopfkreisen groß, in der Nähe der Grundkreise aber sehr klein, woraus folgt, daß die nächst den Grundkreisen liegenden am Eingriff teilnehmenden Flankenteile sich stärker abnützen, weil sie auf den längeren Wegstrecken an den Kopfkreisen gleiten. Überträgt man die Teile der Eingriffsstrecke $E_1 E_2$ dagegen auf die gerade Zahnflanke des Bezugsprofils, dann entstehen gleich lange Gleitwege, weil ja sein Eingriff von $E_1$ nach $E_2$ in Richtung $M M$ gleichmäßig erfolgt.

Das verhältnismäßige Gleiten, die Gleitung eines beliebigen Punktes *7* wird wie folgt ermittelt. Rad *1* besitze dort die Umfangsgeschwindigkeit $v_1$ und treibe Rad *2* mit der Umfangsgeschwindigkeit $v_2$ an. $v_1$ bzw. $v_2$ stehen senkrecht auf den Abständen $r'$ bzw. $r''$ des Punktes *7* von den Mittelpunkten $O_1$ bzw. $O_2$, wodurch die Richtung von $v_1$ bzw. $v_2$ festliegt. Ihre Größe folgt, was bei der Ableitung des Verzahnungsgesetzes (Werkstattbuch 47, Abschn. 2) besprochen wurde, aus der Forderung, daß die in Richtung der Eingriffsstrecke, d. i. der Berührungsnormalen $N N$, fallenden Komponenten $c_1$ und $c_2$ einander gleich sein müssen. Die beiden anderen Komponenten $w_1$ und $w_2$ geben die im Eingriffspunkt *7* in Richtung der Berührungstangente $T T$ verlaufenden Gleitgeschwindigkeiten an. Die *relative* Gleitgeschwindigkeit $v_g$ der Flanke *1* gegenüber der *ruhend* gedachten Flanke *2* findet man, wenn man sich dem ganzen Getriebe die gleich große aber entgegengesetzt gerichtete Geschwindigkeit der Flanke *2* zuerteilt denkt. Dadurch kommt Flanke *2* zur Ruhe. Zur Geschwindigkeit $w_1$ der Flanke *1* kommt noch die Geschwindigkeit $w_2$. Somit ist die relative Gleitgeschwindigkeit der Flanke *1* gegenüber Flanke *2* $v_{g1} = (w_1 - w_2)$, die relative Gleitgeschwindigkeit der Flanke *2* gegenüber Flanke *1* $v_{g2} = (w_2 - w_1)$.

In der äußerst kleinen Zeit $\tau$ legt die Zahnflanke *1* den Weg $w_1 \tau$, die Zahnflanke *2* den Weg $w_2 \tau$, beide Flanken legen gegenseitig den Gleitweg $w_1 \tau - w_2 \tau$ zurück. Also

$$\textit{Gleitung} \text{ der Flanke } \textit{1} \text{ (im Punkt } \textit{7}): \quad \frac{w_1 \tau - w_2 \tau}{w_1 \tau} = \frac{w_1 - w_2}{w_1},$$

$$\textit{Gleitung} \text{ der Flanke } \textit{2}: \quad \frac{w_2 \tau - w_1 \tau}{w_2 \tau} = \frac{w_2 - w_1}{w_2}.$$

Der Zahlenwert der Gleitung kann durch *Ausmessen* der Länge der $w$-Komponenten für jeden Berührungspunkt gefunden werden. Schneller und genauer ist folgendes Zeichenverfahren. Man zieht in beliebigem Abstand $p$ eine Parallele $n n$ zu der Berührungsnormalen $NN$, errichtet in dem betreffenden Berührungspunkt (z. B. Punkt 7) senkrecht zur Berührungsnormalen die gemeinschaftliche Tangente $TT$ an die Zahnflanken und zieht durch Punkt 7 und durch $O_1$ bzw. $O_2$ die Radienstrahlen. Es entstehen durch Schnitt mit der Parallelen $nn$ rechtwinklige Dreiecke, die wegen der gleichen Spitzenwinkel $\gamma_1$ bzw. $\gamma_2$ den Geschwindigkeitsdreiecken ähnlich sind. Daher wird $\dfrac{w_1 - w_2}{w_1} = \dfrac{s_1 - s_2}{s_1}$. Die Gleitung $\dfrac{s_1 - s_2}{s_1}$ wird $= 0$, wenn $s_1 = s_2$ d. h. $w_1 = w_2$ oder $v_1 = v_2$ wird, was nur im Wälzpunkt $C$ möglich ist. Die Gleitung der Flanke $1$ wird, wenn $s_1 = 0$ ist, $\dfrac{s_1 - s_2}{s_1} = -\infty$; die Gleitung der Flanke $2$ wird ebenfalls, wenn $s_2 = 0$ ist, $\dfrac{s_2 - s_1}{s_2} = -\infty$.

Bestimmung der Gleitgeschwindigkeit bzw. der Gleitung durch *Rechnung*:

**a) Mit Hilfe der Krümmungshalbmesser** $\varrho'$ bzw. $\varrho''$ der Zahnflanken $1$ und $2$. Wegen Ähnlichkeit der Dreiecke ($\sphericalangle \gamma$ Abb. 4) ist:

$$\frac{w_1}{v_1} = \frac{w_1}{r'\,\omega_1} = \frac{\overline{N_1\,7}}{r'} = \frac{\varrho'}{r'}\,; \qquad \frac{w_2}{v_2} = \frac{w_2}{r''\,\omega_2} = \frac{\overline{N_2\,7}}{r''} = \frac{\varrho''}{r''}\,;$$

somit wird die relative Gleitgeschwindigkeit der Flanke $1$:

$v_{g1} = w_1 - w_2 = \varrho'\,\omega_1 - \varrho''\,\omega_2$, und die Gleitung der Flanke $1$ (da $\omega_1/\omega_2 = z_2/z_1$)

$$\frac{w_1 - w_2}{w_1} = \frac{\varrho'\,\omega_1 - \varrho''\,\omega_2}{\varrho'\,\omega_1} = \frac{\varrho'\dfrac{z_2}{z_1}\,\omega_2 - \varrho''\,\omega_2}{\varrho'\dfrac{z_2}{z_1}\,\omega_2} = \frac{\varrho'\,z_2 - \varrho''\,z_1}{\varrho'\,z_2}\,;$$

die Gleitung der Flanke $2$: $\dfrac{w_2 - w_1}{w_2} = \dfrac{\varrho''\,z_1 - \varrho'\,z_2}{\varrho''\,z_1}$ .

**b) Mit Hilfe des Abstandes** $\zeta$ des Berührungspunktes $B$ bzw. $B'$ vom Wälzpunkt $C$.

Für Außenverzahnung (Abb. 5) ist die relative Gleitgeschwindigkeit der Flanke $1$ im Punkt $B$ (allgemein in allen Eingriffspunkten der Einlaufseite):

$$\begin{aligned}
w_1 - w_2 &= \varrho'\,\omega_1 - \varrho''\,\omega_2 \\
&= (r_1 \sin\alpha - \zeta)\,\omega_1 - (r_2 \sin\alpha + \zeta)\,\omega_2 \\
&= -\zeta(\omega_1 + \omega_2) + \sin\alpha\,(r_1\,\omega_1 - r_2\,\omega_2) \\
&= -\zeta(\omega_1 + \omega_2);\ \text{weil}\ r_1\,\omega_1 = r_2\,\omega_2;
\end{aligned}$$

die relative Gleitgeschwindigkeit der Flanke $1$ im Punkt $B'$ (allgemein in allen Eingriffspunkten der Auslaufseite):

$$\begin{aligned}
w_1' - w_2' &= \varrho'\,\omega_1 - \varrho''\,\omega_2 \\
&= (r_1 \sin\alpha + \zeta')\,\omega_1 - (r_2 \sin\alpha - \zeta')\,\omega_2 \\
&= \zeta'(\omega_1 + \omega_2);
\end{aligned}$$

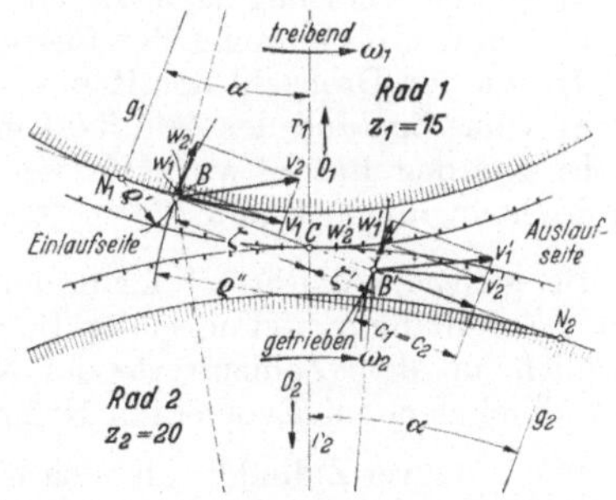


Abb. 5. Gleitgeschwindigkeiten $w$ und Abstände $\zeta$ der Berührungspunkte $B$ vom Walzpunkt $C$ bei Außenverzahnung

die relative Gleitgeschwindigkeit der Flanke $2$ in $B$:

$$w_2 - w_1 = \zeta(\omega_1 + \omega_2);$$

die relative Gleitgeschwindigkeit der Flanke $2$ in $B'$:

$$w_2' - w_1' = -\zeta'(\omega_1 + \omega_2).$$

Bei Innenverzahnung ändert sich nur der Klammerausdruck in $(\omega_1 - \omega_2)$. Daraus folgt, daß die Relativgeschwindigkeiten der Flanke *1* und *2*

  a) im Wälzpunkt $C$ das Vorzeichen wechseln,

  b) bei gleichem Abstand $\zeta$ stets gleich groß aber entgegengesetzt gerichtet sind. Daher ist die Gleitung der Flanke *1* bei Außenverzahnung auch:

$$\frac{w_1 - w_2}{w_1} = \mp \frac{\zeta(\omega_1 + \omega_2)}{\varrho'\,\omega_1} = \mp \frac{\zeta(z_2 + z_1)}{\varrho'\,z_2}\,.$$

Durch Ausmessen der jeweiligen Krümmungsradien $\varrho$ der Evolvente bzw. der Abstände $\zeta$ kann für jeden Berührungspunkt der Eingriffsstrecke $E_1\,E_2$ die Gleitung bestimmt werden. Es ergeben sich bei $z_1 = 15$ und $z_2 = 20$ mit $\alpha = 20°$ (Abb. 4) die in der Tab. 1 angegebenen Werte.

Trägt man diese Werte der Gleitung für Flanke *1* und *2* als Abszissen, die radialen Abstände der einzelnen Berührungspunkte $0 \cdots 10$ von den Teilkreisen als Ordinaten auf, dann entstehen zwei *Gleitdiagramme*. Je gestreckter die Gleitkurven in Richtung der Zahnhöhe verlaufen und je mehr sie sich der Nullinie der Gleitung nähern, desto kleiner ist die Gleitung, desto besser sind also die Gleitverhältnisse der untersuchten Flanke. Je näher die Grenzpunkte $E_1\,E_2$ der Eingriffsstrecke an die Grundkreisberührungspunkte $N_1\,N_2$ heranrücken, desto schlechter werden die Gleitverhältnisse.

Tabelle 1. *Zahlenwerte der Gleitung*

| | Flanke *1* $\dfrac{\varrho'\,z_2 - \varrho''\,z_1}{\varrho'\,z_2}$ | Flanke *2* $\dfrac{\varrho''\,z_1 - \varrho'\,z_2}{\varrho''\,z_1}$ |
|---|---|---|
| Punkt $N_1$ | $= -\infty$ | $= +1{,}0$ |
| Punkt $E_1 = 0$ | $= -14{,}75$ | $= +0{,}94$ |
| Punkt 1 | $= -4{,}5$ | $= +0{,}82$ |
| Punkt 2 | $= -2{,}09$ | $= +0{,}68$ |
| Punkt 3 | $= -1{,}03$ | $= +0{,}51$ |
| Punkt 4 | $= -0{,}426$ | $= +0{,}299$ |
| Punkt 5 | $= -0{,}04$ | $= +0{.}037$ |
| Punkt 6 | $= +0{,}23$ | $= -0{,}303$ |
| Punkt 7 | $= +0{,}432$ | $= -0{,}76$ |
| Punkt 8 | $= +0{,}584$ | $= -1{,}41$ |
| Punkt 9 | $= +0{,}71$ | $= -2{,}41$ |
| Punkt $E_2 = 10$ | $= +0{,}81$ | $= -4{,}12$ |
| Punkt $N_2$ | $= +1{.}0$ | $= -\infty$ |

**2. Die Abnutzung der Zahnflanken** hängt ab:

  a) vom Werkstoff der Flanken,

  b) vom Schmierungszustand der Flanken,

  c) von der Normalkraft $P_n$ auf die Flanken,

  d) von der Gleitung der Flanken

  e) von der Krümmung der Flanken,

  f) von der Drehzahl der Räder,

  g) vom Zustand der Zahnflankenfläche (fehlerhaft oder unsauber bearbeitet),

  h) von den Betriebsverhältnissen (Betriebsdauer, Beeinflussung durch Stöße, Drehschwingungen, Staub, Wärme usw.).

Bei gleichem Werkstoff der Räder, bei gleichmäßigem Schmierungszustand, bei guten Zahnflanken und normalen Betriebsverhältnissen wird die Abnutzung hauptsächlich mit dem Zahlenwerte der Normalkraft, der Gleitung, der Drehzahl und mit abnehmendem Evolventen-Krümmungsradius wachsen.

Werden zwei Zylinder, die sich längs ihrer Erzeugenden berühren, zusammengedrückt, so verbreitert sich die Berührungslinie infolge der elastischen Verformung zu einer schmalen Fläche, deren Breite mit wachsendem Druck zunimmt. Die auf diese Fläche wirkende Flächenpressung $\sigma$ kann nach der HERTZschen Gleichung berechnet werden; sie ist bei gleichem Werkstoff ($E =$ Elastizitätsmodul), gegebener Normalkraft $P_n$ und bekannter Zylinderlänge $b$ nur mehr von dem Maß der Zylinderhalbmesser $\varrho_1\,\varrho_2$ abhängig. Es ist:

$$\sigma_{d\,\text{max}}^2 = 0{,}35\,\frac{P_n\,E_1\,E_2}{b(E_1 + E_2)}\left(\frac{1}{\varrho_1} \pm \frac{1}{\varrho_2}\right) = C \cdot \left(\frac{\varrho_2 \pm \varrho_1}{\varrho_1\,\varrho_2}\right) \quad (\text{—-Zeichen für Hohlkrümmung}).$$

Im Grundkreisberührungspunkt z. B. $N_1$, wo $\varrho_1 = 0$ ist, wird die Flächenpressung ein Höchstwert, theoretisch $\infty$. Da hier auch die Gleitung theoretisch $= -\infty$ wird, so müssen bei einem richtigen Getriebeentwurf diese ungünstigen, nahe den Grundkreisberührungspunkten $N_1 N_2$ liegenden Teile der Eingriffslinie unbenutzt bleiben. Andererseits wäre es falsch, anzunehmen, daß die auf oder nahe dem Wälzkreis liegenden Zahnflankenteile am wenigsten abgenutzt werden, weil hier die Gleitung $= 0$ und die Krümmungsradien ungefähr einander gleich sind. Denn hier wirkt, wenn Überdeckungsgrad $\varepsilon < 2$ ist, auf *eine* Zahnflanke die ganze Normalkraft. Bei zu großer Flächenpressung bilden sich feine Oberflächenrisse. Das in die Risse gepreßte Öl erweitert sie allmählich und sprengt schließlich Flankenteilchen ab. Es bilden sich *Grübchen* (Abb. 6) auf den Fußflanken in der Nähe des Wälzkreises in den Einzeleingriffspunkten $B_1$ bzw. $B_2$ (s. Abschn. 14). Dünnes Schmieröl begünstigt die Grübchenbildung, dickes Öl verzögert und verringert sie, erhöht also die Belastbarkeit der Zahnflanken, die Wälzfestigkeit steigt.

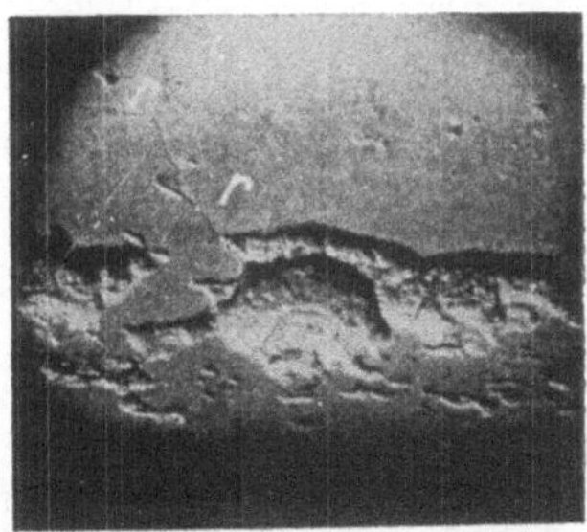

Abb. 6. Grübchenbildung auf Zahnflanken aus vergütetem Stahl.
*r* feine Risse

Abnutzung der Flanken durch *Gleitwirkung* ist nur bei Geradzahn-Stirnrädern mit geringem Überdeckungsgrad, kleiner Umfangsgeschwindigkeit, geringer Schmierung, bei rauhen und ungenauen Flanken und ungünstigen Betriebsverhältnissen (z. B. Staub) zu erwarten. Der Richtungswechsel der Gleitung beeinflußt die Abnutzung. Auf der Einlaufseite des Eingriffs schieben sich treibender Zahnfuß und getriebener Zahnkopf gegeneinander, sie *stemmen*, auf der Auslaufseite *streichen* treibender Zahnkopf und getriebener Zahnfuß in entgegengesetzter Richtung aneinander vorbei (Abb. 7). Im Wälzpunkt wechselt also die Richtung, was ja auch die Gleitdiagramme zeigen. Wegen der Stemmwirkung werden daher der treibende Zahnfuß und der getriebene Zahnkopf am meisten abgenutzt, wenn die oben genannten Verhältnisse gelten. Trifft das nicht zu, dann wirkt sich das Gleiten sogar günstig aus, weil bei richtiger Schmierung ständig ein tragender Ölfilm gebildet wird.

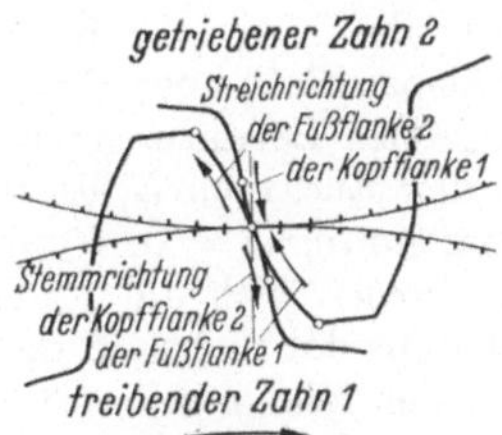


Abb. 7. Stemmen und Streichen beim Einlauf und Auslauf der Zähne

Weiche Stahlzähne können sich so abnutzen, daß ein doppelt gekrümmtes, zykloidenähnliches Profil entsteht. Zähne aus elastischem Stoff (Kunstharz-Preßstoff und Holz) verhalten sich ähnlich; sie geben unter Druck so weit nach, daß ihre Fußflanken von den Kanten des eingreifenden Metallzahnes ausgehöhlt werden. Schließlich hängt die Abnutzung der Zahnflanken trotz genauester Berechnung und Herstellung wesentlich ab von der Starrheit der Getriebeteile unter Vollast und der Genauigkeit des Einbaues. Neuzeitliche Herstellungsverfahren berücksichtigen daher bewußt die elastischen Verformungen und kleinen Einbaufehler, indem die Flanken von Stirn- und Kegelrädern unter dauernder geringer Verlagerung der Getriebeachsen geläppt oder geschabt oder wenigstens am Zahnkopf zurückgenommen werden.

**3. Reibung beim Wälzgleiten, Wälzreibung der Stirnräderflanken.** Die treibende Flanke des Rades *1* drückt auf die getriebene Flanke des Gegenrades *2*. Nimmt man vorerst an, daß nur ein Flankenpaar in Eingriff steht, und daß die beiden Räder sich *nicht* drehen, dann kann die Richtung des im Berührungspunkt $B$ übertragenen Druckes nur mit der Profilnormalen in diesem Punkt zusammenfallen, muß also nach dem Verzahnungsgesetz durch den Wälzpunkt $C$ gehen. Die Rich-

tung dieser *Normalkraft* $P_n$ fällt bei der *Evolventen*verzahnung (Abb. 8) stets mit
der Eingriffsgeraden zusammen, die unter konstantem Eingriffswinkel $\alpha$ zur
Tangente an die Wälzkreise im Wälzpunkt $C$ verläuft. Die tangentiale Komponente dieser Normalkraft heißt die *Umfangskraft* $U$ und es besteht die Beziehung
$P_n = U/\cos \alpha$. Bei der *Zykloiden*verzahnung (Abb. 9) und allen anderen Verzah-

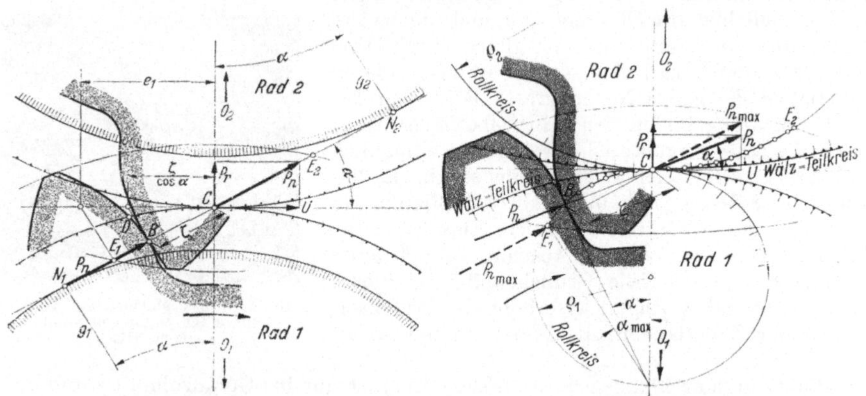

Abb. 8. Gleichbleibende Richtung und Große der       Abb. 9. Wechselnde Richtung und Größe der
Normalkraft $P_n$ bei der Evolventenverzahnung       Normalkraft $P_n$ bei der Zykloidenverzahnung

nungen, bei denen die Eingriffslinie Kreis- oder Kurvenform besitzt, geht die Richtung der Normalkraft nach dem Verzahnungsgesetz zwar auch stets durch den
Wälzpunkt $C$, aber Eingriffswinkel $\alpha$ und Größe der Normalkraft $P_n$ sind je nach
Lage des Berührungspunktes $B$ verschieden. Der Größtwert von $\alpha$ und $P_n$ tritt
in den Endlagen $E_1$ $E_2$ des Eingriffs auf. Im Wälzpunkt $C$ ist bei der *Zykloiden-*
verzahnung $\alpha = 0$; $P_n = U$.

*Drehen* sich die Räder infolge der Kraftwirkung, dann entstehen wegen des
Gleitens der nicht auf den Wälzkreisen liegenden Flankenteile Reibungskräfte, die
auf der *Einlaufseite* (Stemmseite, Abb. 10) gegen die Zahn*wurzel* des Radzahns 2,
auf der *Auslaufseite* (Streichseite, Abb. 11) entgegengesetzt gegen den Zahn*kopf* des
Radzahns 2 gerichtet sind. Diese Reibungskräfte ändern wie die Gleitgeschwindigkeiten im Wälzpunkt ihre Richtung. Die Normalkraft $P_n$ und die Reibungskraft
$\mu P_n$ sind die auf den im Eingriff stehenden Zahn 2 einwirkenden Kräfte. Sie müssen
am Wälzkreisumfang des Rades 2 das gewünschte Drehmoment $U_2 r_2$ erzeugen.

Bei der Evolventenverzahnung folgt für die Einlaufseite (Stemmseite) aus
Abb. 10 für einen beliebigen im Abstand $\zeta$ vom Wälzpunkt $C$ liegenden Eingriffspunkt $B_1$ nach dem Hebelgesetz:

$$U_2 r_2 = P_n g_2 - \mu P_n (r_2 \sin \alpha + \zeta) = P_n r_2 \cos \alpha - \mu P_n (r_2 \sin \alpha + \zeta);$$

$$P_n = \frac{U_2}{\cos \alpha - \mu \left( \dfrac{r_2 \sin \alpha + \zeta}{r_2} \right)} = \frac{U_2}{\cos \alpha - \mu \dfrac{\zeta}{r_2} - \mu \sin \alpha} .$$

Für die Auslaufseite (Streichseite) ergibt Abb. 11:

$$U_2 r_2 = P_n g_2 + \mu P_n (r_2 \sin \alpha - \zeta);$$

$$P_n = \frac{U_2}{\cos \alpha - \mu \zeta/r_2 + \mu \sin \alpha} .$$

Es zeigt sich, daß durch die Einwirkung der Wälzreibung die Normalkraft $P_n$
auf der Einlaufseite (Stemmseite) immer größer sein muß als die Normalkraft auf

der Auslaufseite. Die Abb. 10 und 11 ergeben, daß die aus $P_n$ und $\mu\,P_n$ gebildete Resultierende $L$ auf der Einlaufseite anders gerichtet ist als auf der Auslaufseite und im allgemeinen nie durch den Wälzpunkt $C$ gehen kann, nur wenn $C$ Eingriffs-

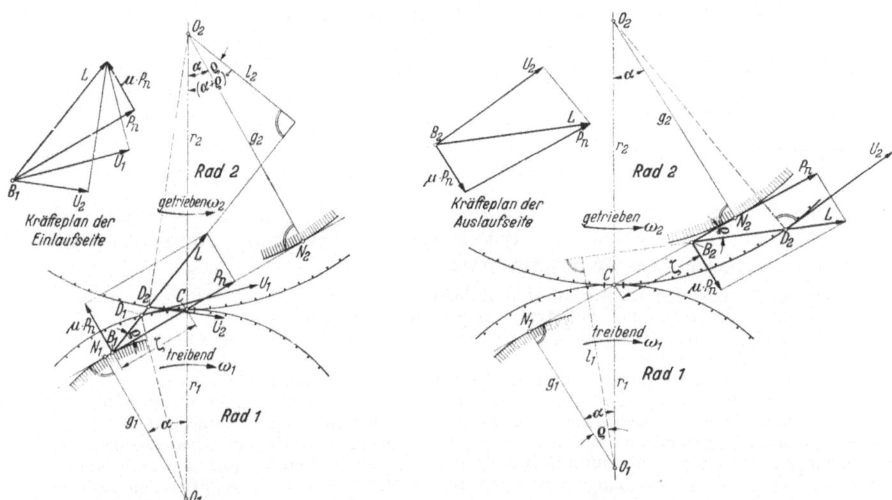


Abb. 10. Gegenseitige Abhängigkeit der Normalkraft $P_n$ und der Umfangskräfte $U_1$ bzw. $U_2$ von der Wälzreibungs kraft $\mu\,P_n$, wenn Eingriffspunkt $B_1$ auf der Einlaufseite

Abb. 11. Gegenseitige Abhängigkeit der Normalkraft $P_n$ und der Umfangskraft $U_2$ von der Wälzreibungskraft $\mu\,P_n$, wenn Eingriffspunkt $B_2$ auf der Auslaufseite

punkt wird, geht $L$ durch $C$. Aus Kräfteplan der Abb. 10 folgt weiterhin, daß der Resultierenden $L$ eine treibende Umfangskraft $U_1$ entspricht, die ebenfalls größer sein muß als die am Rad 2 erzeugte Umfangskraft $U_2$. Man findet ihre Größe, wenn man in den Schnittpunkten $D_1$ und $D_2$ der Wälzkreise mit der Resultierenden $L$ diese durch je eine tangentiale ($U_1$ bzw. $U_2$) und radiale Komponente ersetzt und parallel dazu im Kräfteplan die Seiten des Kraftdreiecks zieht.

Bei $\mu = 0$ (Wälzpunkt $C$) ist $U_1 = U_2 = U = P_n \cos\alpha$. Wird auf der Auslaufseite $\zeta = r_2 \sin\alpha$, rückt der Endpunkt des Eingriffs also in den Grundkreisberührungspunkt, dann wird ebenfalls $U_2 = P_n \cos\alpha$.

Mit Mittelwert $\mu = 0{,}1$ und $\alpha = 20°$ wird $\mu \sin\alpha = 0{,}0342$. Mit $z_1 = 14$ und bei $\dfrac{z_2}{z_1} = \dfrac{1}{1}$ bzw. $\dfrac{\infty}{1}$ wird im Beginn des Eingriffs $P_n \approx 1{,}074\,\dfrac{U_2}{\cos\alpha}$ bzw. $\approx 1{,}038\,\dfrac{U_2}{\cos\alpha}$, am Ende des Eingriffs $P_n \approx 0{,}996\,\dfrac{U_2}{\cos\alpha}$ bzw. $\approx 0{,}965\,\dfrac{U_2}{\cos\alpha}$.

**4. Reibung in den Lagern.** Unter der Wirkung der Lagerkraft $L$ (kp) $= \sqrt{P_n^2 + (\mu\,P_n)^2} = P_n \sqrt{1 + \mu^2}$ entstehen beim Drehen des getriebenen Rades 2 an den gedrückten Gleitflächen der beiden Wellenzapfen Reibungskräfte, deren Moment gleichfalls überwunden werden muß. Da die Reibungszahl der Lagerflächen in den Grenzen

$\mu = 0{,}2 \cdots 0{,}15$ bei abgenutzten Laufflächen und unvollkommener Schmierung bis

$\mu = 0{,}05 \cdots 0{,}03$ bei bester Bearbeitung und dauernder Ölstromschmierung, also im Mittel bei

$\mu = 0{,}1$ liegt, so kann der Zahlenwert $\sqrt{1 + \mu^2}$ höchstens die in der Tab. 2 angegebenen Werte erreichen, die Lagerkraft $L$ also nur wenig erhöhen. Daher ist praktisch genau $L \approx P_n \approx \dfrac{U}{\cos \alpha}$. Der Lagerreibungsverlust ist vom Verhältnis des Wellen- zum Radhalbmesser abhängig und daher bei Ritzelwellen meist viel größer als der Zahnreibungsverlust. Die Zapfen-, Kugel- und Rollenlager-Reibungszahlen liegen etwa zwischen den Grenzen $\mu_l = 0{,}1 \cdots 0{,}005$. Man erfaßt diese Reibungsverluste am besten durch den Wirkungsgrad.

Tabelle 2. *Einfluß der Wälzreibung auf Lagerkraft*

| $\mu$ | 0,2 | 0,15 | 0,1 | 0,05 | 0,03 |
|---|---|---|---|---|---|
| $\sqrt{1 + \mu^2}$ | 1,02 | 1,011 | 1,005 | 1,001 | 1,0005 |

**5. Wirkungsgrad.** Der Gesamtwirkungsgrad eines *Stirnrad*paares setzt sich zusammen aus dem Wirkungsgrad des Wälzgleitens der Flanken $\eta_g$ und dem Wirkungsgrad der Lagerung $\eta_l$. Er beträgt etwa

$\eta = \eta_g \cdot \eta_l = 0{,}92 \cdots 0{,}94$ bei unbearbeiteten Zähnen,
$\qquad\qquad = 0{,}96$ bei sauber bearbeiteten und gut geschmierten Zähnen,
$\qquad\qquad = 0{,}98$ bei äußerst sorgfältig bearbeiteten Zähnen mit Flüssigkeitsreibung zwischen den Zahnflanken.

Es wurden sogar Wirkungsgrade bis 0,99 erzielt, wenn bei sehr hohen Drehzahlen der Zahndruck ohne unmittelbare Berührung der Zahnflanken durch eine Ölstauung übertragen wird, die gerade durch das Gleiten der Zahnflanken zustande kommt. Andererseits entstehen bei raschlaufenden ungenau hergestellten und nicht einwandfrei gelagerten Rädern Massenkräfte, die Erschütterungen, Schwingungen, Durchbiegungen und zusätzliche Reibung auf den Zahnflanken hervorrufen. Starke Zahnabnutzung bedingt weiterhin Schabarbeit der Kopfkanten an den Zahnwurzeln des Gegenrades. Bei derart stark abgenutzten Verzahnungen wurden Wirkungsgrade mit $\eta = 0{,}9 \cdots 0{,}85$ festgestellt.

Der Gesamtwirkungsgrad eines *Kegelrad*paares ist stets kleiner, weil die Lagerreibungsverluste infolge der hier hinzutretenden axialen Lagerkräfte größer sind (s. Abschn. 28, Abb. 43; Abschn. 31, Abb. 45).

**6. Reibung beim Schraubgleiten, Schraubreibung der Flanken der zylindrischen Schraubräder. Wirkungsgrad.** a) Grundsätzliches. Die einzelnen Berührungspunkte der Zahnflanken der zylindrischen Schraubräder gleiten nicht nur in Rich-

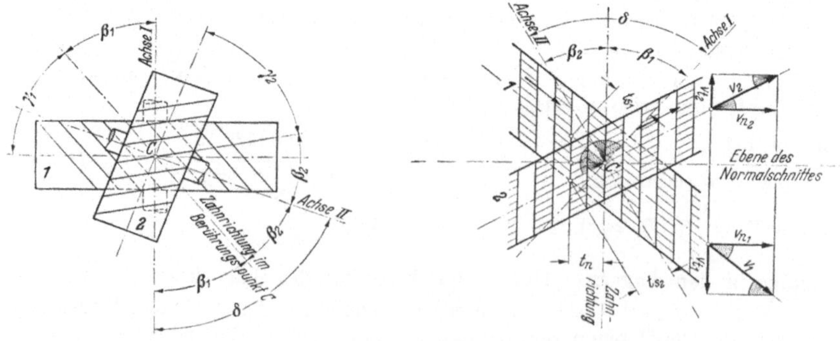

Abb. 12 u. 13. Bezeichnungen der zylindrischen Schraubräder ($\delta < 90°$)

tung der Zahnhöhe, sondern auch besonders in Längsrichtung der Zahnflanken aufeinander. Zum *Wälzgleiten* kommt hier noch das *Schraubgleiten*.

Es ist (Abb. 12 u. 13):

$\beta_1$ bzw. $\beta_2$ = Schrägungswinkel für Rad $1$ bzw. $2$,

$\gamma_1$ bzw. $\gamma_2$ = Steigungswinkel, wobei $\gamma_1 + \beta_1 = \gamma_2 + \beta_2 = 90°$,

$\delta = \beta_1 + \beta_2$ = Kreuzungswinkel der Radachsen,

$v_1$ bzw. $v_2$ = Umfangsgeschwindigkeit der Teilkreise.

Die Umfangsgeschwindigkeit $v_1$ des Rades $1$ zerlegt sich in eine Normalgeschwindigkeit $v_{n_1} = v_1 \cos \beta_1$ und in eine Tangentialgeschwindigkeit $v_{t_1} = v_1 \sin \beta_1$, ebenso die Umfangsgeschwindigkeit $v_2$ des Rades $2$ in $v_{n_2} = v_2 \cos \beta_2$ bzw. $v_{t_2} = v_2 \sin \beta_2$. Wegen dauernder Berührung der Zahnflanken muß sein:

$$v_{n_1} = v_{n_2} \quad \text{oder} \quad v_1 \cos \beta_1 = v_2 \cos \beta_2.$$

Das Schraubgleiten erfolgt mit einer relativen *Gleitgeschwindigkeit* $v_t$, wobei *starke Reibung* und *Abnützung* entsteht. $v_t = v_{t_1} + v_{t_2} = v_1 \sin \beta_1 + v_2 \sin \beta_2$. Da außerdem wegen Herstellungsschwierigkeiten die Grundkörper der Schraubkörper nicht Hyperboloide (WB. 47, Abschn. V.A.) sondern gewöhnlich Zylinder oder Kegel sind, so verschlechtern sich wegen der jetzt auftretenden *Punktberührung* der Zahnflanken noch wesentlich die Betriebsverhältnisse. Abb. 14 zeigt ein zylindrisches Schraubräderpaar mit Kreuzungswinkel $\delta = 90°$. Das Schraubgleiten erfolgt längs

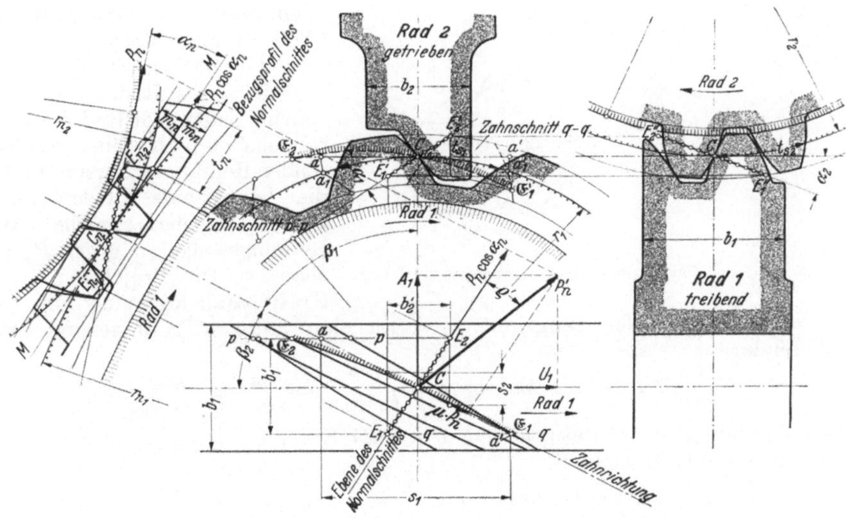

Abb. 14. Eingriffsbild der zylindrischen Schraubräder ($\delta = 90°$)

der in Auf- und Grundriß gezeichneten Eingriffslinie $\mathfrak{E}_1' \mathfrak{E}_2'$ bzw. $\mathfrak{E}_1 \mathfrak{E}_2$ des Rades $1$. Die Kurve verbindet die während des Eingriffs nacheinander sich berührenden Punkte. Infolge starker Abnützung wird bald ein schmaler in Richtung der Kurve verlaufender Streifen entstehen. (Näheres in WB. 47, Abschn. V. B.) Zylindrische Schraubräder eignen sich also nur zum Übertragen kleiner Leistungen und für kleine Übersetzungen (z. B. für Schalträder). Dagegen nützt man gerade das Schraubgleiten als Schnittbewegung beim Fertigbearbeiten, *Schaben*, der Zahnflanken aus.

Die Achsen des Werkzeugs (Schabrades) und Werkrades sind gewöhnlich um
$\approx 15°$ gekreuzt. Der Windungssinn des Schabrades wird gleich oder entgegengesetzt
dem des Werkrades gewählt, um bei gegebenem Schrägungswinkel des Werkrades
mit einem Kreuzungswinkel von $\approx 15°$ auszukommen.

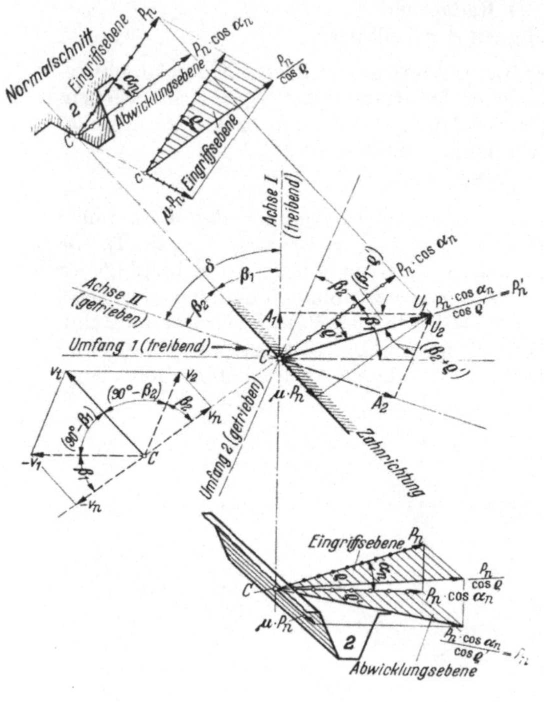

**b) Kräfteverteilung.** Bei der Untersuchung der Kraftwirkung vernachlässigen wir jetzt die verhältnismäßig recht kleine Zahnreibung in Richtung der Zahnhöhe infolge des *Wälzgleitens* und beachten nur den wesentlich höheren Reibungswiderstand durch das *Schraubgleiten* längs der Zahnflanken.

Das Drehmoment des treibenden Rades *1* erzeuge am Rade *2* eine in $C$ angreifende, senkrecht zur Zahnflanke 2 im Normalschnitt in Richtung der Eingriffsstrecke $E_{n_1} E_{n_2}$ (Abb. 14) wirkende resultierende Normalkraft $P_n$ (Abb. 15) und entgegen der Richtung der relativen Gleitgeschwindigkeit $v_t$ des Rades 2 (die bei ruhend gedachtem Rad *1* wie gezeichnet verläuft) einen resultierenden Reibungswiderstand $\mu P_n$, die beide eine Resultierende $P_n/\cos \varrho$ ergeben, welche unter Reibungswinkel $\varrho$ gegen $P_n$ geneigt ist. Die Projektion dieses Kräfteparallelogramms in die

Abb. 15. Axial- und Umfangskräfte an Schraubrädern bei $\delta < 90°$

Abwicklungsebene des Teilzylinders ergibt eine unter $\varrho' > \varrho$ geneigte Resultierende:

$$\frac{P_n \cos \alpha_n}{\cos \varrho'} = P_n', \quad \text{wobei} \quad \text{tg}\, \varrho' = \frac{\mu P_n}{P_n \cos \alpha_n} = \frac{\mu}{\cos \alpha_n} = \frac{\text{tg}\, \varrho}{\cos \alpha_n} \quad \text{ist.}$$

Nach Zerlegung dieser Resultierenden in zwei Komponenten nach Achsen- und Umfangsrichtung entsteht für

$$\text{Rad } 1 \begin{cases} \text{eine Umfangskraft} & U_1 = P_n' \cos (\beta_1 - \varrho') \\ \text{eine Axialkraft} & A_1 = P_n' \sin (\beta_1 - \varrho') \end{cases}$$

$$\text{Rad } 2 \begin{cases} \text{eine Umfangskraft} & U_2 = P_n' \cos (\beta_2 + \varrho') \\ \text{eine Axialkraft} & A_2 = P_n' \sin (\beta_2 + \varrho'). \end{cases}$$

**c) Wirkungsgrad** $\eta_s$ **der Schraubung.** Der Wirkungsgrad $\eta_{s_1}$ des treibenden Rades *1* ergibt sich zu:

$$\eta_{s_1} = \frac{\text{erhaltene Arbeitsleistung}}{\text{eingeleitete Arbeitsleistung}} = \frac{U_2 v_2}{U_1 v_1} = \frac{\cos (\beta_2 + \varrho') \cos \beta_1}{\cos (\beta_1 - \varrho') \cos \beta_2}$$

$$= \frac{\cos \varrho' - \text{tg}\, \beta_2 \sin \varrho'}{\cos \varrho' + \text{tg}\, \beta_1 \sin \varrho'} = \frac{1 - \text{tg}\, \varrho'\, \text{tg}\, \beta_2}{1 + \text{tg}\, \varrho'\, \text{tg}\, \beta_1}$$

(es ist $v_1 = v_n/\cos \beta_1$; $v_2 = v_n/\cos \beta_2$; $\beta_2 = \delta - \beta_1$).

Grenzfälle: $\eta_{s_1} = 0$,

a) wenn $\operatorname{tg} \varrho' \operatorname{tg} \beta_2 = 1$; $\operatorname{tg} \beta_2 = 1/\operatorname{tg} \varrho' = \operatorname{tg}(90° - \varrho')$; $\beta_2 = 90° - \varrho'$, d. h. wenn die Achse $II$ gegen die Zahnrichtung um $\beta_2 = 90° - \varrho'$ geneigt ist. Rad 2 ist unverdrehbar.

Zum Beispiel $\mu = \operatorname{tg} \varrho = 0{,}1$; $\alpha_n = 15°$; dann $\mu/\cos \alpha_n = 0{,}1035 = \operatorname{tg} \varrho'$; $\varrho' = 5° 55'$; $\beta_2 = 84° 5'$.

b) wenn $\operatorname{tg} \beta_1 = \infty$; $\beta_1 = 90°$; d. h. das treibende Rad 1 ist ein Rillenrad mit Zähnen in Umfangsrichtung. Rad 2 ist unverdrehbar.

$\eta_{s_1}$ wird ein Höchstwert,

a) wenn $\operatorname{tg} \varrho' = 0$; dann $\eta_{s1} = 1$; nie eintretender theoretischer Grenzfall.

b) wenn der Differentialquotient $\dfrac{d\eta_{s_1}}{d\beta_1} = 0$ wird; die Auswertung gibt dann: $\beta_1 - \beta_2 = \varrho'$.

Weil $\beta_1 + \beta_2 = \delta$, so folgen die Maximum-Bedingungen: $\beta_1 = \dfrac{\delta + \varrho'}{2}$ ; $\beta_2 = \dfrac{\delta - \varrho'}{2}$ .

Meist ist $\delta = \beta_1 + \beta_2 = 90°$. Somit $\beta_2 = 90° - \beta_1$. In diesem Falle wird der Wirkungsgrad $\eta_{s_1}$ des treibenden Rades 1

$$\eta_{s_1} = \frac{1 - \operatorname{ctg} \beta_1 \operatorname{tg} \varrho'}{1 + \operatorname{tg} \beta_1 \operatorname{tg} \varrho'} = \frac{\operatorname{tg} \beta_1 - \operatorname{tg} \varrho'}{(1 + \operatorname{tg} \beta_1 \operatorname{tg} \varrho') \operatorname{tg} \beta_1} = \frac{\operatorname{tg}(\beta_1 - \varrho')}{\operatorname{tg} \beta_1} .$$

Treibt umgekehrt Rad 2 mit Schrägungswinkel $\beta_2$ und ist $\delta = \beta_1 + \beta_2 = 90°$ (Abb. 16), dann wird der Umfang des Rades 1 nach rechts mit der Gleitgeschwin-

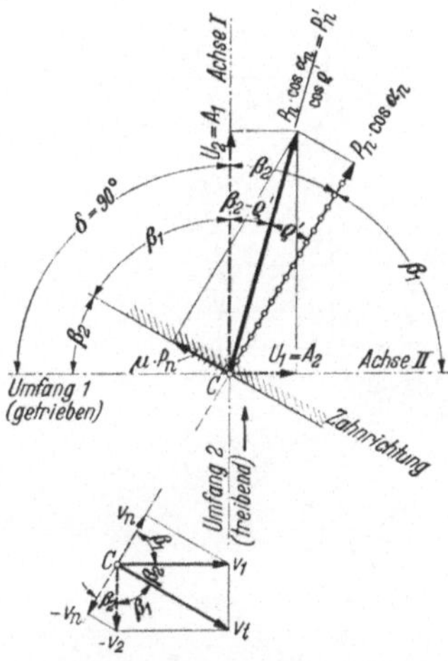

Abb. 16. Axial- und Umfangskräfte an Schraubrädern bei $\delta = 90°$

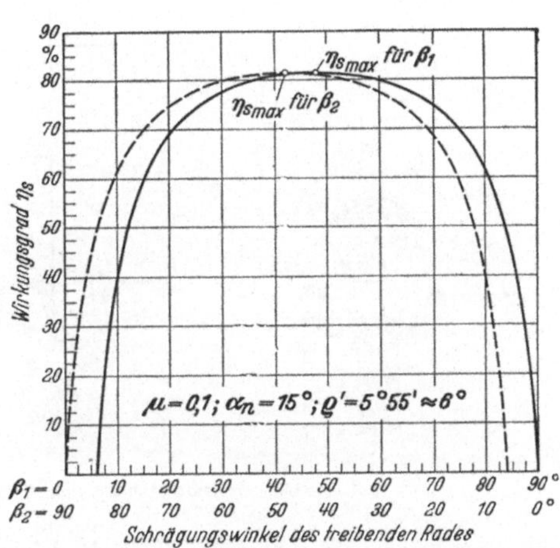

Abb. 17. Wirkungsgrad $\eta_s$ bei Schraubrädern mit $\delta = 90°$

dirkeit $v_t$ ausweichen und entgegen dieser Bewegungsrichtung von 1 ein Gleitwiderstand $\mu P_n$ entstehen. Die Kräfteverteilung gibt für:

Rad 2 $\left\{ \begin{array}{l} \text{eine Umfangskraft} \qquad\qquad U_2 = P_n' \cos(\beta_2 - \varrho') \\ \text{eine Umfangsgeschwindigkeit} \quad v_2 = v_n / \cos \beta_2 \end{array} \right.$

Rad 1 $\left\{ \begin{array}{l} \text{eine Umfangskraft} \qquad\qquad U_1 = P_n' \sin(\beta_2 - \varrho') \\ \text{eine Umfangsgeschwindigkeit} \quad v_1 = v_n / \cos \beta_1 = v_n / \sin \beta_2 . \end{array} \right.$

Daher Wirkungsgrad $\eta_{s_2}$ des treibenden Rades 2

$$\eta_{s_2} = \frac{U_1 v_1}{U_2 v_2} = \frac{\sin(\beta_2 - \varrho') \cos \beta_2}{\cos(\beta_2 - \varrho') \sin \beta_2} = \frac{\operatorname{tg}(\beta_2 - \varrho')}{\operatorname{tg} \beta_2} = \frac{\operatorname{ctg}(\beta_1 + \varrho')}{\operatorname{ctg} \beta_1} = \frac{\operatorname{tg} \beta_1}{\operatorname{tg}(\beta_1 + \varrho')} .$$

Beispiel: $\mu = 0{,}1$; $\alpha_n = 15°$; $\delta = 90°$; dann $\varrho' = 5°\,55' \approx 6°$.

$\eta_{s_1}$ wird ein Höchstwert bei $\beta_1 = \dfrac{\delta + \varrho'}{2} \approx 48°$; dann ist $\beta_2 = \dfrac{\delta - \varrho'}{2} \approx 42°$, also

$$\eta_{s_1 \text{max}} = \frac{\operatorname{tg}(\beta_1 - \varrho')}{\operatorname{tg}\beta_1} \approx \frac{\operatorname{tg}42°}{\operatorname{tg}48°} = 0{,}813 \quad (\text{Rad } 1 \text{ mit } \beta_1 \approx 48° \text{ treibt}),$$

$$\eta_{s_2} = \frac{\operatorname{tg}(\beta_2 - \varrho')}{\operatorname{tg}\beta_2} \approx \frac{\operatorname{tg}36°}{\operatorname{tg}42°} = 0{,}81 \quad (\text{Rad } 2 \text{ mit } \beta_2 \approx 42° \text{ treibt}).$$

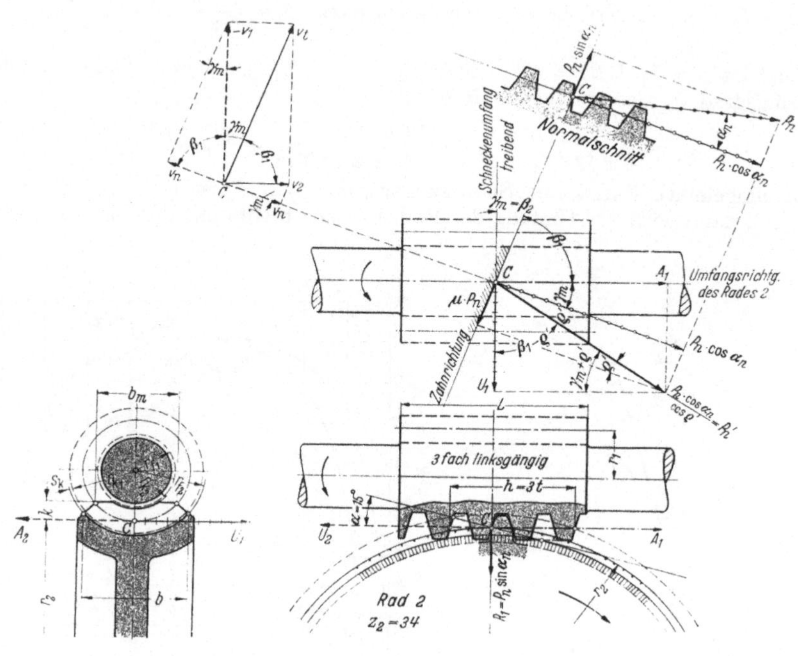

Abb. 18. Kräfteplan des Schneckentriebs ($\delta = 90°$)

Treibt aber bei $\delta = \beta_1 + \beta_2 = 30° + 60°$ Rad *1* mit Schrägungswinkel $\beta_1 = 30°$, dann

$$\eta_{s_1} = \frac{\operatorname{tg}(\beta_1 - \varrho')}{\operatorname{tg}\beta_1} \approx \frac{\operatorname{tg}24°}{\operatorname{tg}30°} = 0{,}774:$$

treibt Rad *2* mit Schrägungswinkel $\beta_2 = 60°$, so

$$\eta_{s_2} = \frac{\operatorname{tg}(\beta_2 - \varrho')}{\operatorname{tg}\beta_2} \approx \frac{\operatorname{tg}54°}{\operatorname{tg}60°} = 0{,}796;$$

daraus folgt

    a) Zahnschrägen zwischen 30° und 60° verschlechtern den Wirkungsgrad nur unbedeutend;

    b) das treibende Rad soll den größeren Schrägungswinkel erhalten.

Das Diagramm der Abb. 17 zeigt für $\delta = 90°$; $\mu = 0{,}1$; $\alpha_n = 15°$ und für verschiedene Schrägungswinkel $\beta_1$ und $\beta_2$ den Wirkungsgrad $\eta_s$ in %.

**7. Schraubreibung der Flanken der Schnecken und Schneckenräder. Wirkungsgrad. Kräfteverteilung.** Die bei den *Schraubrädern* mit gekreuzten Achsen angegebenen Gleichungen des Wirkungsgrades gelten auch für Schneckentriebe. Da hier meist $\delta = 90°$ ist, rechnet man lieber mit dem mittleren Steigungswinkel $\gamma_m = 90° - \beta$.

**a)** **Schnecke treibt Schneckenrad** (Abb. 18), d. h. kleines Rad mit großem Schrägungswinkel $\beta_1 = 90° - \gamma_m$, also kleinem Steigungswinkel $\gamma_m$, treibt Rad 2. Das Drehmoment der Schnecke ruft senkrecht zur Zahnfläche des Rades 2 in dessen Eingriffsfläche *Normalkräfte* und längs der Zahnflanken entgegen der Richtung der relativen Gleitgeschwindigkeit $v_t$ des Rades 2 *Reibungskräfte* hervor, deren Resultierenden $P_n$ und $\mu P_n$ im Wälzpunkt $C$ angreifen sollen. Nach Zusammenfassung und Projektion dieser Ausgangskräfte in drei zueinander senkrechte Achsen ergeben sich, ausgehend von der Schnecke:

Umfangskraft $U_1 = P'_n \sin(\gamma_m + \varrho') = $ Axialkraft $A_2$ auf Rad;

Axialkraft $A_1 \quad = P'_n \cos(\gamma_m + \varrho') = $ Umfangskraft $U_2$ auf Rad;

Radialkraft $R_1 \quad = P_n \sin \alpha_n = $ Radialkraft $R_2$ auf Rad 2.

Ist $v_1 = $ Umfangsgeschwindigkeit am Schneckenteilkreis $= v_n/\sin \gamma_m$,

$\qquad v_2 = $ Umfangsgeschwindigkeit am Radteilkreis $\qquad = v_n/\cos \gamma_m$,

dann wird der *Wirkungsgrad* $\eta_{s_1}$ der Schnecke:

$$\eta_{s_1} = \frac{U_2 v_2}{U_1 v_1} = \frac{\cos(\gamma_m + \varrho') \sin \gamma_m}{\sin(\gamma_m + \varrho') \cos \gamma_m} = \frac{\operatorname{tg} \gamma_m}{\operatorname{tg}(\gamma_m + \varrho')}.$$

$\eta_{s_1}$ wird um so größer, je größer der mittlere Steigungswinkel $\gamma_m$ und je kleiner der Winkel $\varrho'$ wird, d. h. je kleiner der Reibungswinkel $\varrho$ und der Eingriffswinkel $\alpha_n$ sind (denn $\operatorname{tg} \varrho' = \operatorname{tg} \varrho/\cos \alpha_n$). Wie bei den Schraubrädern wird $\eta_{s_1}$ ein Höchstwert,

wenn $\beta_1 = \dfrac{\delta + \varrho'}{2} = \dfrac{90° + \varrho'}{2}$ eingehalten und $\gamma_m = 90° - \beta_1 = 45° - \varrho'/2$ wird, also

$$\eta_{s_1 \max} = \frac{\operatorname{tg}(45° - \varrho'/2)}{\operatorname{tg}(45° + \varrho'/2)} = \operatorname{tg}(45 - \varrho'/2)\operatorname{tg}(90 - (45 + \varrho'/2)) = \operatorname{tg}^2(45 - \varrho'/2).$$

**b)** **Schneckenrad treibt Schnecke,** d. h. großes Rad 2 mit kleinem Schrägungswinkel $\beta_2 = \gamma_m$ treibt Rad 1. Wie bei den Schraubrädern wird:

*Wirkungsgrad* des Schneckenrades $\eta_{s_2} = \operatorname{tg}(\gamma_m - \varrho')/\operatorname{tg} \gamma_m$.

Hier gilt noch mehr als bei a), daß $\gamma_m$ gegenüber $\varrho'$ möglichst groß werden muß, wenn $\eta_{s_2}$ wachsen soll. Es sind daher beim *Treiben* ins *Schnelle* steilgängige (mehrgängige) Schnecken zu verwenden. $\eta_{s_2 \max}$ bei $\beta_2 = 45 - \varrho'/2 = \gamma_m$. Wegen Herstellungsschwierigkeiten begnügt man sich bei Spiralschnecken meist mit $\gamma_m = 30 \cdots 35°$.

Ist $\gamma_m = \varrho'$, dann wird $\eta_{s_2} = 0$, also geleistete Arbeit $= 0$, d. h. das Schneckenrad kann die Schnecke nicht mehr antreiben, sich unter Lastwirkung nicht mehr verdrehen. Erst durch Drehen der Schnecke kann die Last gehoben oder gesenkt werden. Das Getriebe ist *selbstsperrend*.

Ist $\gamma_m < \varrho'$, dann wird $\eta_{s_2}$ negativ, d. h. selbst bei Stößen und Erschütterungen, die ein Losprellen der aufeinandergepreßten Schraubengänge und somit eine Änderung der Reibung bewirken, wird noch *Sperrsicherheit* vorhanden sein.

Der Wirkungsgrad eines *selbstsperrenden* Getriebes folgt, weil hier Schnecke treiben muß, für $\gamma_m = \varrho'$ aus der Gleichung unter a) zu

$$\eta_{s_1} = \frac{\mathrm{tg}\,\gamma_m}{\mathrm{tg}(\gamma_m + \varrho')} = \frac{\mathrm{tg}\,\varrho'}{\mathrm{tg}\,2\,\varrho'} = \mathrm{tg}\,\varrho'\,\frac{1-\mathrm{tg}^2\,\varrho'}{2\,\mathrm{tg}\,\varrho'} = 0{,}5 - 0{,}5\,\mathrm{tg}^2\,\varrho' = \; < 0{,}5.$$

*Gesamtwirkungsgrad* $\eta$ des Schneckentriebs. Zur Schraubung längs der Flankenlinien kommt noch die Lagerreibung. Der Wirkungsgrad der Reibung in den Schnecken- ($\eta_{l_1}$) und Radwellenlagern ($\eta_{l_2}$) beträgt bei

Gleitlagern

$$\eta_{l_1} \cdot \eta_{l_2} = 0{,}92 \cdots 0{,}95;$$

Wälzlagern

$$\eta_{l_1} \cdot \eta_{l_2} = 0{,}97 \cdots 0{,}98;$$

also Gesamtwirkungsgrad

$$\eta = \eta_s \cdot \eta_{l_1} \cdot \eta_{l_2}.$$

Abb. 19 gibt für verschiedene $\gamma_m$- und $\mu$-Werte den Wirkungsgrad $\eta_s$ der Schraubung bei treibender Schnecke an, Tab. 3 enthält mittlere Erfahrungszahlen.

Weil $\mathrm{tg}\,\gamma_m = \dfrac{h}{2\,r_1\,\pi} = \dfrac{z_1\,t}{d_1\,\pi}$

$= z_1\,\dfrac{m}{d_1}$, so kann man bei bekannter Gangzahl $z_1$ und

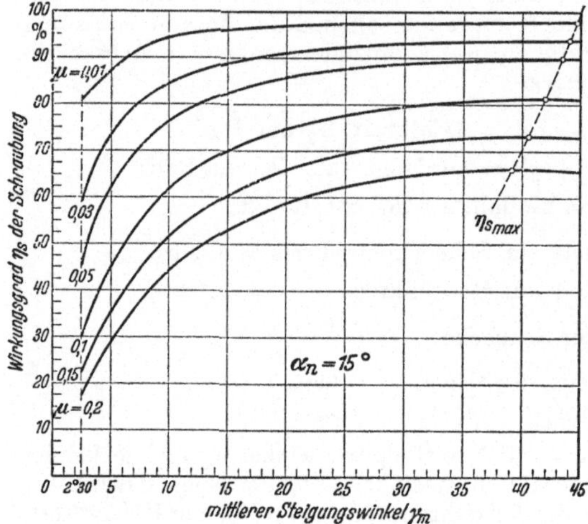

Abb. 19. Wirkungsgrad $\eta_s = \mathrm{tg}\,\gamma_m/\mathrm{tg}(\gamma_m + \varrho')$ der Schraubung des Schneckentriebs bei treibender Schnecke und bei verschiedenen mittleren Steigungswinkeln $\gamma_m$ und Reibungszahlen $\mu$

Tabelle 3. *Mittelwerte von Flächenreibungszahl $\mu$ und Reibungswinkel $\varrho$, $\varrho'$ im Bewegungszustand bei $\alpha_n = 15°$ ($\mu = \mathrm{tg}\,\varrho$; $\mathrm{tg}\,\varrho' = \mathrm{tg}\,\varrho/\cos\alpha_n$).  Beim Anlaufen zur Sicherheit  mit $\mu = 0{,}2$; $\varrho' \approx 12°$ rechnen*

| Schnecke | Rad | $\mu$ | $\varrho$ | tg $\varrho'$ | $\varrho'$ | $\varrho'_{\text{mittel}}$ | Zähne | Ausführung |
|---|---|---|---|---|---|---|---|---|
| Grauguß | Grauguß . . . . .von | 0,15 | 8° 32′ | 0,155 | 8° 50′ | 9° | roh | Gleitlager |
| Grauguß | Grauguß . . . . .bis | 0,12 | 6° 51′ | 0,124 | 7° 5′ | 7° | roh | Gleitlager |
| Stahl | Grauguß . . . . . | 0,1 | 5° 43′ | 0,1035 | 5° 55′ | 6° | bearbeitet | Gleitlager |
| Stahl | Phosphor- oder   ⎰ von | 0,05 | 2° 52′ | 0,0518 | 2° 58′ | 3° | bearbeitet | Wälzlager |
| Stahl | Aluminiumbronze ⎱ bis | 0,03 | 1° 43′ | 0,031 | 1° 47′ | 2° | bearbeitet | Wälzlager |

Neuzeitliche Kraftwagengetriebe zeigen noch niedrigere Reibungswerte
($\mu = 0{,}0164$; $\varrho = 56′$; $\varrho' \approx 1$; bei $\alpha_n \approx 20°$; $\gamma_m \approx 35° \cdots 44°$)

gewähltem Baustoff von Schnecke und Rad, d. h. bekannten Reibungszahlen aus Abb. 20 und 21 das Verhältnis $m/d_1$ so wählen, daß der Gesamtwirkungsgrad $\eta$ möglichst günstig wird. Auch der zugehörige Steigungswinkel $\gamma_m$ läßt sich ungefähr abschätzen. Große Schnecken werden wie Räder auf Wellen aufgesetzt, haben aber kleines $m/d_1$ und schlechteren Wirkungsgrad; kleine Schnecken, sog. volle Schnecken, bilden mit der Welle ein Stück, haben großes $m/d_1$ und besseren Wirkungsgrad. Selbsthemmung erfordert kleine Gangzahl (meistens $z_1 = 1$) und kleine Werte $m/d_1$ (aufgesetzte Schnecken). $\eta_{\max}$ ist für alle Gangzahlen ($z_1$) gleich, tritt aber bei verschiedenen $m/d_1$-Werten auf. $\eta_{max}$ liegt für $z_1 = 4$ und Stahlschnecken (Abb. 21) bei $m/d_1 = 0{,}237$, bei Graugußschnecken (Abb. 20) bei $m/d_1 = 0{,}225$.

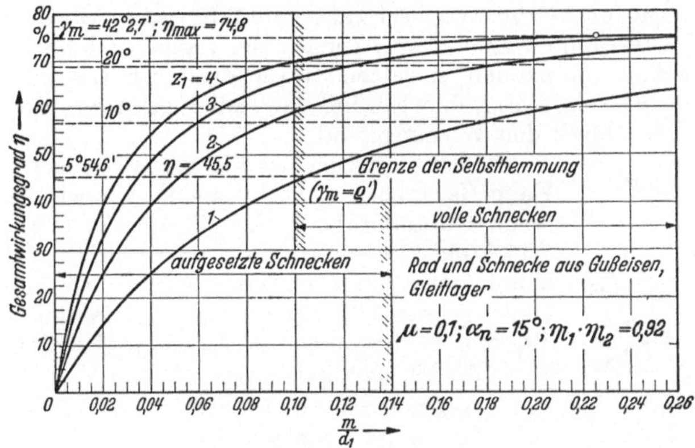


Abb. 20. Gesamtwirkungsgrad $\eta$ des Schneckentriebs für verschiedene Verhältniswerte $m/d_1 = t/\pi\,d_1$. Rad und Schnecke aus Gußeisen (lies Grauguß)

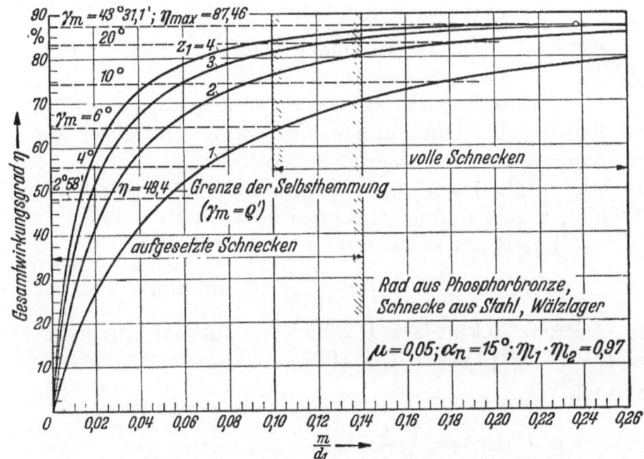


Abb. 21. Gesamtwirkungsgrad $\eta$ des Schneckentriebs für verschiedene Verhältniswerte $m/d_1 = t/\pi\,d_1$. Rad aus Phosphorbronze, Schnecke aus Stahl

# II. Berechnung der Abmessungen der Zähne

## A. Grundsätzliches

**8. Kräfte.** Die Richtung der Kraft, d. h. der gesamten Zahnkraft, die zwei im Eingriff stehende Zahnräder gegenseitig ausüben, geht stets durch den Berührungspunkt der beiden aufeinander drückenden Zahnflanken, durch den jeweiligen Eingriffspunkt. Aus Abschn. 3 ist bekannt, daß sich sowohl Größe wie Richtung dieser gesamten Zahnkraft während des Eingriffs ändern müssen, wenn Rad 2 mit einer konstanten Umfangskraft $U_2$ verdreht werden soll, daß die Richtungsgerade der resultierenden Zahnkraft $L = \sqrt{P_n^2 + (\mu\,P_n)^2}$ in um so größerem Abstand vom Wälzpunkt $C$ vorbeigehen muß, je weiter der jeweilige Eingriffspunkt von $C$ abliegt. Unangenehme Schwingungserscheinungen, Abnützung und Lärm der Zahnräder werden neben anderen Ursachen auf diesen in jeder Eingriffsperiode sich wiederholenden Richtungs- und Größenwechsel zurückzuführen sein. Da es sich in der Folge nur um die Bestimmung der Abmessungen der Zähne und Radkörper, also um Festigkeitsrechnungen handelt, so setzen wir die Zahnkraft $L \approx P_n \approx U/\cos \alpha$ und berücksichtigen, wenn nötig, den Einfluß der Reibungskräfte durch korrigierende Beiwerte oder durch den Wirkungsgrad $\eta$.

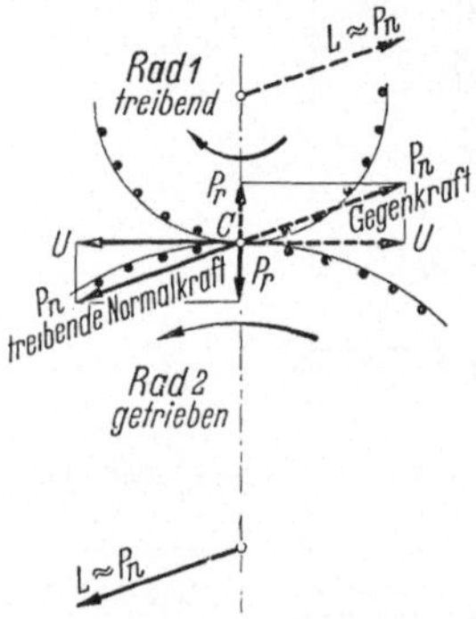

Zerlegt man die bei der Evolventenverzahnung unter Eingriffswinkel $\alpha$ in Richtung der Eingriffslinie verlaufende Normalkraft $P_n$ im Wälzpunkt $C$ in eine zum Wälzkreis tangential bzw. radial verlaufende Komponente, dann kann nur die erstere Komponente, die Umfangskraft $U$ zur Leistungsübertragung dienen, da die radiale Komponente $P_r$ keine Raddrehung, also keine Arbeit erzeugt. Es ist

$$\text{Umfangskraft } U = P_n \cos \alpha,$$
$$\text{Radialkraft } P_r = U \operatorname{tg} \alpha,$$
$$\text{gesamte Lagerkraft } L \approx P_n.$$

Abb. 22 gibt die Richtung der Lagerkräfte $L$ an, wenn Rad *2* in angegebenem Drehsinn angetrieben wird.


Abb. 22. Richtung der Lagerkräfte bei gegebenem Drehsinn des getriebenen Rades

### 9. Drehmoment. Umfangsgeschwindigkeit. Leistung.

Das in die treibende Welle eingeleitete Drehmoment $M_1$ setzt sich nach dem Hebelgesetz am Wälzkreisumfang des Rades *1* in ein gleichgroßes Drehmoment um, wenn vorerst von Verlusten durch Lagerreibung, Schwingungen usw. abgesehen wird. Es ist:

Drehmoment: $M_1 \text{ [mmkp]} = U\, r_1 = U\, d_1/2$.

Macht die Welle $n_1$-Umdrehungen in der Minute, dann ist die Umfangsgeschwindigkeit am Wälzkreis *1*:

$$v\,[\text{m/s}] = \frac{d_1 \pi n_1}{1000 \cdot 60} = \frac{d_1 n_1}{19\,100} \quad (d_1 \text{ in mm}).$$

Nennleistung: $1\text{ PS} = 75 \text{ kpm/s} = 0{,}7355 \text{ kW}; \; 1\text{ kW} = 102 \text{ kpm/s} = 1{,}36 \text{ PS};$
$N\,[\text{PS}] = U\,v/75; \; N\,[\text{kW}] = U\,v/102.$

Zusammenfassend wird:

$$\text{Umfangskraft: } U\,[\text{kp}] = \frac{2M_1}{d_1} = \frac{75\,N_1^{\text{PS}}}{v} = \frac{1{,}4324 \cdot 10^6\,N_1^{\text{PS}}}{d_1\,n_1}\,;$$

$$\text{Drehmoment: } M_1\,[\text{mmkp}] = \frac{U\,d_1}{2} = \frac{716{,}2 \cdot 10^3\,N_1^{\text{PS}}}{n_1}\,;$$

$$\text{Nennleistung: } N\,[\text{PS}] = \frac{U\,d_1\,n_1}{1{,}4324 \cdot 10^6} = \frac{M_1\,n_1}{716{,}2 \cdot 10^3}\,;$$

$$N\,[\text{kW}] = \frac{U\,d_1\,n_1}{1{,}948 \cdot 10^6} = \frac{M_1\,n_1}{974 \cdot 10^3}\,.$$

Beispiel: $r_1 = 60 \text{ mm}; r_2 = 240 \text{ mm}; \alpha = 20°; n_1 = 2000;$ Rad *1* treibt mit 10 PS; Gesamtwirkungsgrad $\eta = 0{,}97$.

$$v = \frac{120 \cdot 2000}{19\,100} = 12{,}57 \text{ m/s}; \; n_2 = \frac{n_1 r_1}{r_2} = \frac{2000 \cdot 60}{240} = 500;$$

$$U = \frac{75 \cdot 10}{12{,}57} = 59{,}7 \text{ kp}; \; P_n = \frac{U}{\cos \alpha} = \frac{59{,}7}{0{,}94} = 63{,}5 \text{ kp}.$$

$$M_1 = 59{,}7 \cdot 60 = 3582 \text{ mmkp};$$
$$M_2 = 59{,}7 \cdot 240\, \eta = 13\,900 \text{ mmkp}.$$

**10. Werkstoffe.** Preis, Raum, Gewicht, Lebensdauer, Drehzahl, Leistung und verlangte Laufeigenschaften bedingen die Wahl des Werkstoffes der Zähne und Räder. Zahnräder mit *unbearbeiteten* Zähnen werden nur in Grauguß oder Stahlguß ausgeführt. Die gegen Abnützung sehr widerstandsfähige Gußhaut eignet sich ganz besonders für Räder, die Staub, Nässe, Wetterunbilden, Stößen ausgesetzt sind und geringe Umfangsgeschwindigkeiten ($v \leqq 1 \cdots 2$ m/s) haben. Bei größeren Geschwindigkeiten verursachen die durch das Gießen bedingten Rundlauf- und Teilungsfehler unerträglichen Lärm. Bei der Wahl des Werkstoffes der Zahnkränze mit *bearbeiteten* Zähnen sind neben der Raumfrage meist die verlangte Genauigkeit, die Lebensdauer oder besondere Laufeigenschaften z. B. geräuscharmer Betrieb maßgebend. Die Zahnflanken raschlaufender Räder müssen bei sorgfältigster Schmierung und genauester Herstellung besonders große Oberflächenhärte und große Widerstandsfähigkeit gegen Verschleiß besitzen. Holz, Kunstharzpreßstoffe, Lignofol, Grauguß, Stahlguß, Schmiedestahl, legierte (vergütete und im Brenn-, Induktions-, Cyanbad- und Einsatz-Verfahren gehärtete) Stähle haben der Reihenfolge nach aufsteigende Werte der Oberflächenhärte und des Verschleißwiderstandes. Die verhältnismäßig schnell und billig ausführbare und weniger Härteverzug zeigende Induktionshärtung kann bei Moduln über 4 mm durchaus mit dem Einsatzhärten konkurrieren, wenn der Zahngrund voll mitgehärtet wird. Es sind nur solche Werkstoffe brauchbar, die ohne Aufkohlung oder Aufstickung durch einfaches Erhitzen die verlangte Oberflächenhärte (Brinellhärte $H = 260$) annehmen, also Vergütungsstähle, die einen höheren Gehalt an Kohlenstoff und anderen härtebildenden Legierungsbestandteilen haben (Cr, Mo, Ni, Si, V). Der Kern des Zahnes wird nicht so erwärmt, daß Härtung eintritt, so daß die Zähne vor dem Härten die erforderliche Kernhärte haben müssen, also in der Regel vorvergütet werden. Das gleiche über die Werkstoff-Auswahl gilt auch für das Brennhärten[1]. Hier kann sogar bis zu einem Modul $m = 3$ mm eine Oberflächenhärtung bis zum Zahngrund erzielt werden. Das Brennhärten ist besonders auch in Fällen anwendbar, die mit anderen Oberflächenhärtungsverfahren nicht mehr beherrscht werden können. Eine gute Randhärtung erhöht die Belastbarkeit der Flanken, die Wälzfestigkeit auf etwa $150 \cdots 300\%$. Zu beachten ist, daß *beide* eingreifenden Räder eine gehärtete Oberfläche haben.

Die *Wälzfestigkeit* steigt im Vergleich zur Werkstoffestigkeit verhältnismäßig stark an, während die Belastbarkeit des Zahnkörpers auf Biegung, die *Zahnfußfestigkeit*, nicht einmal linear mit der Werkstoffestigkeit zunimmt (s. Tab. 9). Daher hängt besonders bei gehärteten Zahnflanken die übertragbare Leistung von der Zahnfußfestigkeit ab. Die Festigkeiten von Ritzel und Rad sind zueinander abzustimmen, d. h. dem Ritzel ist z. B. $\sigma_B \approx 80 \cdots 95$ kp/mm² zu geben, wenn das Gegenrad mit $\sigma_B \approx 75 \cdots 90$ kp/mm² ausgeführt wird.

Das *Zahngeräusch* entsteht bei schnellaufenden Trieben, besonders bei hohen Schwingungszahlen zwischen $500 \cdots 5000$ in der Sekunde. Ursachen: Rundlauf- und Zahnfehler, Radschwingungen, Richtungswechsel der Gleitgeschwindigkeit (Abschnitt 1), Resonanz des Getriebekastens usw. Abhilfe durch Schrägverzahnung, Verkleinern der Zahnfehler, Flankenrücknahme am Zahnkopf, glattere Flanken durch Schleifen oder Läppen, kleineres Flankenspiel, Änderung der Schwingungszahl durch Ändern der Zähnezahl, Lärmdämpfen durch Preßstoffräder oder zäheres Öl, Auskleiden der Zahnräder und Getriebekästen, stärkere Zahnkränze und Kastenwände, weiche Unterlagen. Mit nichtmetallischen Zähnen versehene Räder dürfen nie untereinander, sondern nur mit genau verzahnten Grauguß-, besser Stahlrädern ($\sigma_B \approx 60 \cdots 70$ kp/mm²) kämmen. Die Zahnbreiten der Zähne aus nichtmetallischen Stoffen müssen um einige mm kleiner sein, als die der eingreifenden metallischen Räder, sonst splittern jene seitlich aus. Das größere Rad soll die nichtmetallischen Zähne erhalten, weil so die geräusch- und schwingungsdämpfenden Eigenschaften am besten ausgenutzt werden.

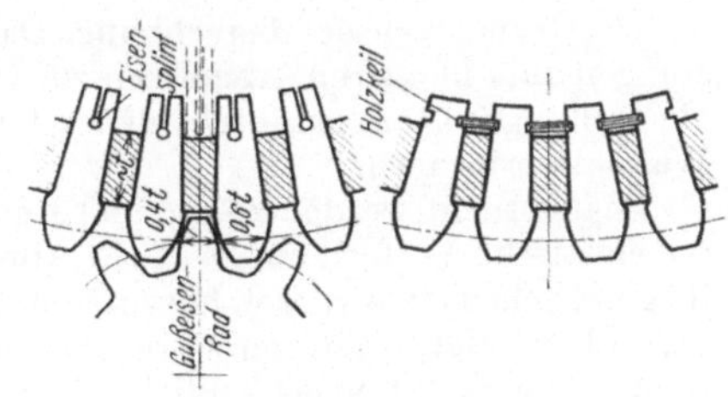

Abb. 23. Weißbuchenkämme
(statt Gußeisen lies Grauguß)

*Holzzähne* (Holzkämme) aus Weißbuche (Abb. 23) werden in die keilförmigen Löcher des Kranzes des *großen* Rades eingeschlagen und mit Stiften oder Keilen gehalten. Dann wird die nur roh vorgeschnittene Zahnform unter Einhalten eines von der Genauigkeit der Herstellung abhängigen Flankenspiels nachgearbeitet. Wegen der geringeren Festigkeit des Holzes erhalten die Holzzähne eine Zahnstärke $s \approx 0,6$ t, die eingreifenden Graugußzähne eine Zahnstärke $s \approx 0,4$ t. Größte Breite eines Holzzahnes höchstens 200 mm, bei größeren Radbreiten müssen

---

[1] Vgl. Werkstattbücher, Heft 7: MALMBERG, Glühen, Härten und Vergüten des Stahles; Heft 89: GRÖNEGRESS, Brennhärten; und Heft 116: HÖNHE, Induktionshärten.

zwei oder mehr Zähne nebeneinander gesetzt werden. Die Zahnzahl muß wegen des Arman-
schlusses ein ganzzahliges Vielfaches der Armzahl sein. Große Räder meist geteilt. Anwendung
der Holzzähne noch bei ungünstigen Übersetzungsverhältnissen ins Schnelle (z. B. bei Wasser-
rädern, Wasserturbinen). Man bevorzugt heute die viel weniger Raum beanspruchenden und
gleich ruhig laufenden modernen Radgetriebe aus vergütetem Silizium-Mangan-Stahl mit
schrägverzahnten Zähnen, die bei gleicher Lebensdauer 3- bis 4mal größere Drehmomente übertragen können.

Ritzel aus *Lignofol* (Kunstholz, zusammengepreßt aus geschichteten mit Phenolharz ver-
kitteten Buchenholzfurnieren) und aus *Kunstharzpreßstoffen* (Hartgewebe mit Phenolharz,
bekannt unter der Handelsbezeichnung: Ferrozell, Novotext, Turbax usw.) werden aus Platten
von $\approx$ 1 m² Fläche und 0,2$\cdots$300 mm Dicke scheibenförmig als Kolben in jedem gewünschten
Durchmesser herausgeschnitten und wie Metalle mit Schnellstahl- oder Hartmetallwerkzeugen
bei hohen Schnittgeschwindigkeiten gebohrt, genutet und verzahnt. Die Hartgewebekolben
können auch als Preßformstücke geliefert werden und eine eingepreßte Radnabe aus Stahl
oder Bronze erhalten. Die Metallnaben sind außen gekordelt oder geriffelt und sitzen mit Preß-
sitz im Hartgewebekclben.

Alle Kunstharzpreßstcffe sind gegen Wasser unempfindlich und müssen geschmiert werden.
Sie vertragen eine Zahnbelastung, die nahe an die des Graugusses heranreicht und haben daher
den Werkstoff Rohhaut völlig verdrängt. Die Verzahnung wird mit normalen Werkzeugen ein-
geschnitten, hat also die gleichen Abmessungen wie die des eingreifenden metallischen Rades.

**Ausführungsbeispiele.** Die im Betriebe erzielten Erfahrungen erlauben es, immer höhere
Anforderungen zu stellen und zu befriedigen. Es wurden bei Hochleistungsgetrieben (ortsfesten
Turbogetrieben) mit *einer* Ritzelwelle bis zu 20000 PS, mit drei und vier Ritzelwellen bis zu
50000 PS übertragen. Neuzeitliche Werkzeugmaschinen bearbeiten Räder, Verzahnung und
Wellenzapfen derart genau, daß bei geräuscharmem Lauf Drehzahlen bis zu 50000 U/min,
Wälzgeschwindigkeiten bis 140 m/s und Lagerzapfenumfangsgeschwindigkeiten bis zu 110 m/s
bewältigt wurden. Während bei Stirnrädern bis zu 4300 mm $\varnothing$ der größte Teilwinkelfehler
unter 5″, der Teilungsfehler bei einem Rad von 1000 mm $\varnothing$ also 0,012 mm beträgt, ist bei
Kegelrädern, wenn hohe Genauigkeit verlangt wird, nur ein Durchmesser von etwa 1500 mm
zu erreichen. Schnellaufende und stark beanspruchte Getriebe müssen sorgfältig geschmiert
werden. Das zwischen die eingreifenden Zähne und in die Lager gepreßte Öl muß noch abgekühlt,
die größtenteils in den Lagern entstehende Reibungswärme also abgeleitet werden. Mit einem
Räderpaar ist eine Übersetzung bis etwa 12 : 1 zu übertragen, bei zwei Räderpaaren kann man
bis etwa 75 : 1 gehen. Ganzzahlige Übersetzungswerte sind bei hohen Drehzahlen zu vermeiden,
damit die gleichen Zähne erst nach mehreren Raddrehungen wieder zusammentreffen und alle
Zähne sich möglichst gleichmäßig abnutzen.

# B. Stirnräder mit geraden Zähnen und genormter Zahnform [1]

**11. Grundlagen der Berechnung.** Das Hauptziel im Zahnradbau ist, größere Lei-
stungen mit kleineren Abmessungen zu übertragen und bei möglichst niedrigen
Herstellungskosten geräusch- und schwingungsarme Getriebe zu bauen, die wenig
Wartung erfordern.

Beansprucht werden Zähne und Räder durch statische und dynamische Kräfte,
die elastische Verformungen (z. B. Abplattung, Verbiegung, einseitiges Tragen bei
fliegend gelagertem Ritzel) hervorrufen, durch große Wälzpressung die Zahnflanken
aufrauhen oder zerstören (Grübchenbildung), Zahnbrüche bei Überlastung und
Stößen bewirken und schließlich bei hohen Drehzahlen eine lokale Überhitzung erzeugen, was Verschleiß und Anfressen der Flanken zur Folge hat. Nur bei richtigem
Werkstoff, der, wenn nötig, durch Nachbehandlung (Härten) besonders widerstand-
fähig zu machen ist, und durch möglichst eingehende Abschätzung dieser vielseitigen
Beanspruchung ist eine wirtschaftlich befriedigende Konstruktion zu erwarten. Oft
kennt man schon die Belastungsgrenze, die zuerst erreicht wird und daher die Abmessungen bestimmt. So ist bei ungehärteten Zahnflanken meist die Flankensicher-

---

[1] Die folgenden Berechnungen der Tragfähigkeit der Zähne wurden im wesentlichen den
Angaben im II. Band „Maschinenelemente" von Professor Dr.-Ing. G. NIEMANN, TH München,
entnommen.

heit, bei gehärteten dagegen die Zahnbruchsicherheit maßgebend, bei hochtourigen, gleichzeitig hochbelasteten, also gehärteten Rädern oder bei höheren Gleitgeschwindigkeiten (bei Schraubrädern und Schneckentrieben) die Temperatur- bzw. Verschleißgrenze nachzuprüfen.

Die Tragfähigkeit der Zähne wird am besten durch errechnete Sicherheitsgrößen $S_G$ (gegen Grübchenbildung), $S_B$ (gegen Zahnbruch am Zahnfuß), evtl. $S_F$ (gegen Fressen der Zahnflanken), bei Sicherheitswerten $S < 1$ durch Berechnung der Volllastlebensdauer $L_h$ in Stunden nachgewiesen.

Gerad- und Schrägverzahnung ohne und mit Profilverschiebung kann einheitlich behandelt werden, wenn man von den Größen im Normalschnitt ausgeht und sie mit dem Zeiger $n$ kennzeichnet.

**12. Abmessungen. Nenn-Lastwert $B$.** Grundsätzlich hat im folgenden das Kleinrad den Zeiger $1$, das Großrad den Zeiger $2$, so daß stets das Übersetzungsverhältnis $i = z_2/z_1 = n_1/n_2 \geqq 1$ ist. Zweckmäßig nimmt man beim Entwurf den Wälzkreis-Ritzeldurchmesser $d_1$ und die weiteren Hauptabmessungen ($z_1$, $z_2$, $b$) so an, daß sie den vorliegenden Daten (Wellendurchmesser, Achsabstand $a$, Übersetzung $i$, Leistung $N$, Drehzahl $n$ und Werkstoff), sowie den zu jeder Getriebeart gemachten Erfahrungen ($z_{min}$, $b/d$, $m_{min} \geqq b/\psi$) entsprechen. Damit sind die verschiedenen Belastungsgrenzen oder Sicherheiten nachzuprüfen. Je nach Ergebnis sind die unpassenden Annahmen (z. B. $b$ oder Werkstoff) zu berichtigen. Alle Längenmaße werden in mm, Geschwindigkeiten in m/s, Kräfte in kp, Spannungen und Lastwerte in kp/mm² und Leistungen $N$ in PS oder kW ausgedrückt.

Bezieht man die Umfangskraft $U$ auf die Einheit des Ritzeldurchmessers $d_1$ und der Zahnbreite $b$, dann erhält man den Begriff

$$Nenn\text{-}Lastwert\ B\,[\text{kp/mm}^2] = \frac{U}{d_1\,b} = \frac{2\,M_1}{d_1^2\,b} = \frac{1{,}4324 \cdot 10^6 N_1^{\text{PS}}}{d_1^2\,b\,n_1} = \frac{1{,}948 \cdot 10^6 N_1^{\text{kW}}}{d_1^2\,b\,n_1}\,.$$

Als Anhalt kann dienen:

| | Dauer$\cdots$Zeitgetriebe | Zahn-Werkstoff | Brinellhärte $H_B$ |
|---|---|---|---|
| $B_{zul}$ | $0{,}03\cdots0{,}18$ kp/mm² | nicht vergüteter Stahl | $\approx 200$ |
| | $0{,}05\cdots0{,}36$ kp/mm² | vergüteter Stahl | $\approx 260$ |
| | $0{,}4\ \cdots1{,}1$ kp/mm² | gehärteter Stahl | $\approx 650$ |

$m_n \geqq b/10$ Zähne sauber gegossen,
$m_n \geqq b/15$ Zähne geschnitten, Lagerung auf Stahlkonstruktion oder Ritzel „fliegend",
$m_n \geqq b/25$ Zähne genau geschnitten, gute Lagerung in Getriebekästen,
$m_n \geqq b/30$ Zähne genau geschnitten, genaue, parallele starre Lagerung,
$m_n \geqq b/50$ Zähne genau geschnitten, $b/d_1 \leqq 1$, genaue, parallele starre Lagerung,
$b/d_1 \leqq 0{,}7$ bei „fliegendem" Ritzel,
$b/d_1 \leqq 1{,}2$ bei starrer, beiderseitig gelagerter Ritzelwelle,
$w \geqq 2\,m_n$ Restwanddicke des Zahnkranzes an der Nutstelle.

Tabelle 4. *Mindest-Zähnezahl $z_n$ im Normalschnitt*

| $+ x$ | $z_n$ | $- x$ | $z_n$ |
|---|---|---|---|
| 0 | 14,3 | 0 | 14,3 |
| $+ 0{,}1$ | 12,8 | $- 0{,}1$ | 15,6 |
| $+ 0{,}2$ | 11,4 | $- 0{,}2$ | 17,0 |
| $+ 0{,}3$ | 10,0 | $- 0{,}3$ | 18,5 |
| $+ 0{,}4$ | 8,6 | $- 0{,}4$ | 19,8 |
| $+ 0{,}5$ | 7,2* | $- 0{,}5$ | 21,2 |
| $+ 0{,}6$ | 8,8* | $- 0{,}6$ | 22,6 |
| $+ 0{,}7$ | 10,4* | $- 0{,}7$ | 24,0 |
| $+ 0{,}8$ | 12,2* | $- 0{,}8$ | 25,5 |
| $+ 0{,}9$ | 14,1* | $- 0{,}9$ | 26,9 |
| $+ 1{,}0$ | 16,1* | $- 1{,}0$ | 28,3 |

a) Für 20°-Null-Verzahnung: $z_{n_1} + z_{n_2} \geqq 24$

$z_n \geqq 12$ bei sehr kleiner Geschwindigkeit,
$z_n \geqq 14$ bei mittlerer Geschwindigkeit,
$z_n \geqq 18$ bei großer Geschwindigkeit.

b) Für 20°-V-Verzahnung bei mittlerer Geschwindigkeit.

$z_n$-Werte mit * haben spitzige Zähne. Alle übrigen Werte sind begrenzt durch Unterschnitt.

**13. Wirksamer Lastwert $B_w$.** Beim Durchlaufen der Belastungszone ändert sich auch bei konstantem Angriffsdrehmoment $M_1$ die Länge des Hebelarms der Zahnkraft $P_n$ und damit die Durchbiegung und die Federkonstante des Zahns, wodurch geringe Schwankungen der Winkelgeschwindigkeit des Abtriebs entstehen. Im gleichen Sinne wirken Eingriffsteilungsfehler. Beide erhöhen den *Nenn-Lastwert B.*

In Laufversuchen kann der periodische Ablauf der Zahnkräfte und Schwingungen während des Eingriffs bildlich aufgenommen und rechnerisch ausgewertet werden. Durch korrigierende Beiwerte $C$ entsteht schließlich der

$$\textit{Wirksame Lastwert } B_w = B \cdot C_S \cdot C_D \cdot C_T \cdot C_\beta.$$

Der *Stoßbeiwert* $C_S = M_{\text{wirkl.}}/M_1$ (Tab. 5) berücksichtigt die zwischen den

Tabelle 5. Anhalt für Stoßbeiwert $C_s$

| Arbeitsmaschine | Antriebsmaschine | | |
| --- | --- | --- | --- |
| | Elektromotor | Turbine, mehrzylindrige Kolbenmaschine | einzylindrige Kolbenmaschine |
| Stromerzeuger, Vorschubgetriebe, Gurtförderer, leichte Aufzüge und Hubwinden, Turbogebläse und Verdichter, Rührer und Mischer für gleichmäßige Dichte | 1,0 | 1,25 | 1,5 |
| Hauptantriebe von Werkzeugmaschinen, schwere Aufzüge, Drehwerke von Kranen, Grubenlüfter, Rührer und Mischer für unregelmäßige Dichte, Kolbenpumpen mit mehreren Zylindern, Zuteilpumpen | 1,25 | 1,5 | 1,75 |
| Stanzen, Scheren, Gummikneter, Walzwerks- und Hüttenmaschinen, Löffelbagger, schwere Zentrifugen, schwere Zuteilpumpen | 1,75 | 2,0 | 2,25 |

Tabelle 6. Anhalt für Schmierung und Zahnqualität, Zahnfehler $f_e$ und $f_R$

| Umfangsgeschwindigkeit $v$ [m/s] | Schmierung | Zahnflanken | Qualität DIN 3962 | Faktoren | |
| --- | --- | --- | --- | --- | --- |
| | | | | $g_e$ | $g_R$ |
| 0···0,8 | Fett aufgetragen | gegossen | 12 | 16 | 4 |
| | | | 11 | 10 | 3,2 |
| | | geschruppt | 10 | 6,3 | 2,6 |
| 0,8···4 | Fett- bzw. Öltauchschmierung | schlicht gefräst | 9 | 4 | 2,0 |
| | | | 8 | 2,8 | 1,6 |
| 4···12 | Öltauchschmierung | feingeschlichtet | 7 | 2 | 1,3 |
| | | geschabt | 6 | 1,4 | 1,0 |
| 12···60 | Spritzschmierung | feingeschliffen | 5 | 1,0 | 0,8 |
| | | Lehrzahnrad | 4 | 0,7 | 0,64 |

Eingriffs-Teilungsfehler nach DIN 3961: $f_e \leqq g_e (3 + 0{,}3\,\mathrm{m} + 0{,}2\,\sqrt{d_0})$ [$\mu$]; Flanken-Richtungsfehler nach Vorschlag der FZG: $f_R \lesseqgtr g_R \sqrt{b}$ [$\mu$]; $b =$ Zahnbreite [mm]. Wirksamer Flankenrichtungsfehler (nach gutem Einlauf): $f_{Rw} \approx 0{,}75 f_R + g_K \cdot u \cdot C_S$ mit $g_K = 0$ für beiderseitig gelagerte Stirnräder, $= 0{,}3$ für einseitig gelagerte Stirnräder, $= 1{,}2$ für Kegelräder einseitig gelagert ohne seitenballige Flanken, $= 0{,}5$ mit seitenballigen Flanken, $= 0{,}3$ mit seitenballigen Flanken und beiderseitig gelagertem Kegelritzel.

verschiedenen Antriebs- und Arbeitsmaschinen auftretenden Zusatzbelastungen zwischen dem wiederholt wirkenden größten äußeren Drehmoment $M_{\text{wirkl}}$ und dem Nenndrehmoment $M_1$.

Tabelle 7. *Anhalt für erforderliche Sicherheit*

| Sicherheit gegenüber | Dauergetriebe | Zeitgetriebe |
|---|---|---|
| Zahnbruch $S_B \geqq$ | $1,8 \cdots 4$ | $1,5 \cdots 2$ |
| Grübchen $S_F$ | $1,3 \cdots 2,5$ | $0,4 \cdots 1$ |

Der *Dynamische Beiwert* $C_D$ (Abb. 24) berücksichtigt die Zusatzbelastung durch Zahnfehler und Schwingungen. Im Schwankungsbereich der Zahnfederkonstanten $C_Z$ (Abb. 25) und durch Verzahnungsfehler $f$ treten bei ganz langsamem Abrollen der Räder kleine Unterschiede im Drehweg der Räder auf. Bei wachsender und sehr hoher Umfangsgeschwindigkeit läßt die kinetische Energie der Räder diese Unterschiede fast verschwinden, verändert aber den Schwingungsablauf so, daß sich der maximal beanspruchte Eingriffspunkt gegen das Eingriffsende hin verschiebt, bei zunehmender Belastung also das Gebiet des Einzeleingriffs verkleinert wird.

Der *Tragfehler-Beiwert* $C_T$ (Abb. 25) gleicht Fehler aus, die durch ungleiche Zahnbelastung längs der Zahnbreite infolge Flanken- und Achsrichtungsfehler entstehen.

Der *Schrägverzahnungsbeiwert* $C_\beta$ (Abb. 26) hat den Einfluß der

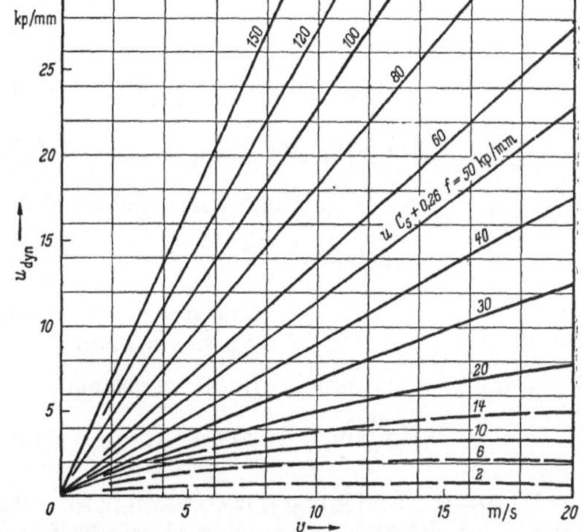

Abb. 24. Dynamischer Beiwert $C_D$ und $u_{\text{dyn}}$ (nach NIEMANN)

$$C_D = 1 + \frac{u_{\text{dyn}}}{u\,C_s\,(\varepsilon_{\text{sp}} + 1)} \leqq 1 + \frac{0,3\,u\,C_s + f}{u\,C_s\,(\varepsilon_{\text{sp}} + 1)}\ ; \quad u = B\,d_{b_1}$$

$f(\mu) = $ größter der vorhandenen Zahnfehler $f_e, f_f, f_t$

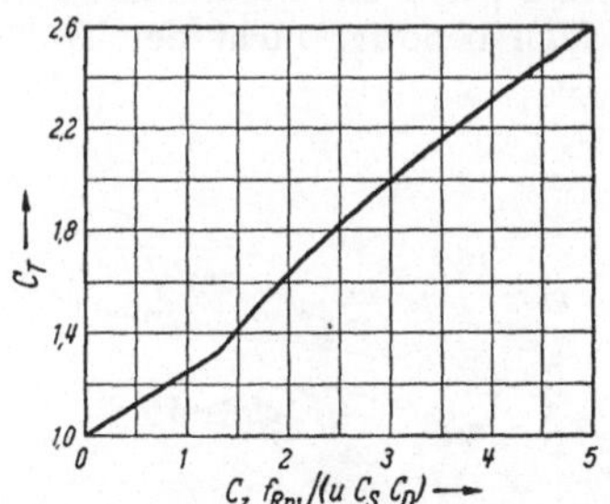

Abb. 25. Tragfehler-Beiwert $C_T$ (nach NIEMANN)
$C_z \approx 1$ für Paarung St/St, $\approx 0,74$ für St/GG, $\approx 0,55$ für GG/GG; $f_{Rw}$ s. Tab. 6

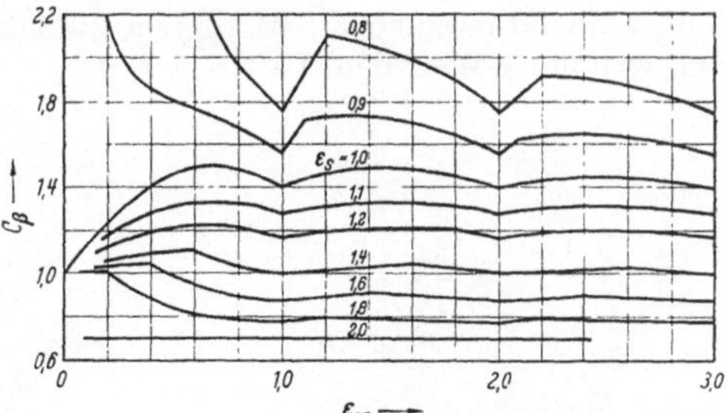

Abb. 26. Beiwert $C_\beta$ für Schrägverzahnung (nach NIEMANN)
Für $\beta = 0$ ist $C_\beta = 1$; für $\varepsilon_{\text{sp}} = 1, 2, 3, \ldots$ ist $C_\beta = 1,4/\varepsilon_s$; für $\varepsilon_{\text{sp}} \geqq 1$ ist $C_\beta \approx 1,4/\varepsilon_s$

ungleichen Zahnfederkonstanten $C_z$ längs der schräg über der Zahnflanke liegenden $B$-Linien und der ungleichen Gesamtlänge der gleichzeitigen $B$-Linien gegenüber der Zahnbreite $b$ zu berücksichtigen. Bei Geradverzahnung ist natürlich $C_\beta = 1$.

**14. Wälzfestigkeit der Zahnflanken** (Wälzpressung $k$, Sicherheit $S_G$ gegen Grübchenbildung). Beim Übertragen der Drehleistung durch Flankenberührung entstehen Wälz- und Gleitdrücke. Die Wälzfestigkeit der Flanken steigt erheblich mit der Flankenhärte, der Ölzähigkeit, der Oberflächengüte und der positiven Gleitung (s. Abschn. 1). Werden gewisse Grenzwerte überschritten, so zeigen sich Abplattungen, Aufrauhungen und Grübchen an den Flanken. Man kann vorerst die Wälzpressung zwischen den Flanken auffassen als Pressung zwischen zwei zylindrischen Walzen verschiedener Krümmung $\varrho$ und gleicher Länge $b =$ Zahnbreite und die HERTZsche Pressung (Abschn. 2) umformen in

$$\sigma^2_{d\,\max} = \frac{0{,}35\,P_n}{b\,\alpha_m\,\varrho_m}\,,$$

wobei die

$$\text{Zahn-Normalkraft } P_n\,[\text{kp}] = 2{,}86\,p^2\,b\,\alpha_m\,\varrho_m = k\,b\,\varrho_m,$$

$$\alpha_m\,[\text{mm}^2/\text{kp}] = \frac{1}{2}\,(\alpha_1 + \alpha_2) = \frac{1}{2}\left(\frac{1}{E_1} + \frac{1}{E_2}\right) = \frac{E_1 + E_2}{2\,E_1\,E_2}$$

$$= \text{mittlere Dehnzahl der Werkstoffe,}$$

$$1/\varrho_m\,[1/\text{mm}] = \frac{1}{2}\left(\frac{1}{\varrho_1} \pm \frac{1}{\varrho_2}\right) = \frac{\varrho_2 \pm \varrho_1}{2\,\varrho_1\,\varrho_2}$$

$$= \text{Maß der mittleren Krümmung der beiden Zylinder}$$
$$(-\text{ für hohle Flanken}),$$

$$b\,[\text{mm}] = \text{Berührungslänge,}$$

$$k\,[\text{kp/mm}^2] = 2{,}86\,p^2\,\alpha_m = \text{Wälzpressung} = \frac{P_n}{b \cdot \varrho_m}\,.$$

Diese HERTZsche Gleichung gilt streng nur für ruhende, homogene, in allen Richtungen gleich dehnbare und völlig elastische Körper. Bei Zahnrädern stimmt die wirkliche Flächenpressung nicht mit $p$ überein, da hier Wälz- und Gleitbewegung mit tangentialer Reibungskraft hinzukommen und der Schmierdruck erhebliche Änderungen in Verteilung und Größe der Beanspruchung verursacht. Trotzdem ist die HERTZsche Gleichung Voraussetzung für die folgenden Ansätze. Man benützt die letzte Gleichung, rechnet mit einem Wert $k\,[\text{kp/mm}^2]$ den auf Zahnbreite $b$ und mittlere Krümmung $\varrho_m$ bezogenen Zahndruck. Man benötigt nicht den $E$-Modul, weil der $k$-Wert dem Lastwert $B$ proportional ist.

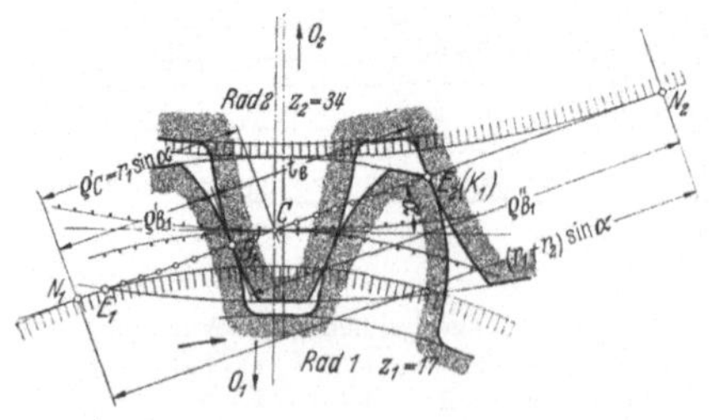

Abb. 27. $B_1 =$ Einzel-Eingriffspunkt am Zahnfuß des Rades *1* und am Zahnkopf des Rades *2*

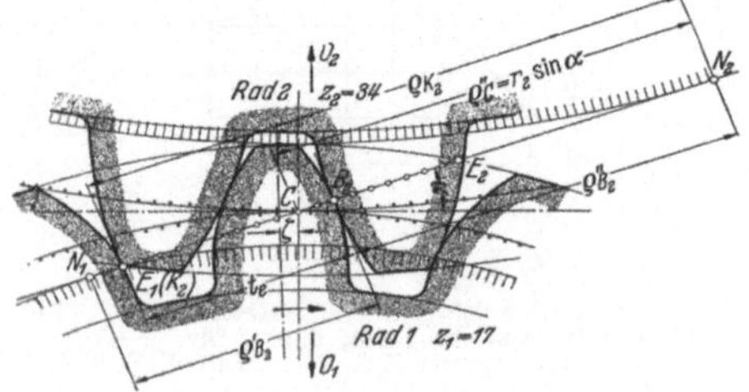

Abb. 28. $B_2 =$ Einzel-Eingriffspunkt am Zahnkopf des Rades *1* und am Zahnfuß des Rades *2*

Die Wälzpressung beginnt am Zahnfuß im Gebiet der negativen Gleitung und erreicht am Ritzel (Kleinrad *1*) den größten Wert $k$. Die Krümmungshalbmesser der Evolventen im Wälzpunkt $C$ sind (Abb. 27 u. 28)

$$\varrho_C' = r_1 \sin \alpha \text{ bzw. } \varrho_C'' = r_2 \sin \alpha; \text{ der Mittelwert ist } \varrho_{C_m} = \frac{2 r_1 r_2 \sin^2 \alpha}{(r_1 + r_2) \sin \alpha}$$

mit $r_2 = i\, r_1$, $P_n = U/\cos \alpha$ und $B = U/d_1\, b$ wird

$$\varrho_{C_m} = \frac{i}{1 + i} \cdot d_1 \sin \alpha,$$

somit

$$\textit{Wälzpressung } k\,[\text{kp/mm}^2] = \frac{U}{\cos \alpha} \cdot \frac{1}{b\,\varrho_{c_m}} = \frac{i+1}{i}\, \frac{U}{b\,d_1} \cdot \frac{1}{\sin \alpha \cos \alpha} = \frac{i+1}{i} \cdot B\, y_C.$$

Der Beiwert $y_C = \dfrac{1}{\sin \alpha \cos \alpha} = \dfrac{2}{\sin 2\alpha}$ gilt nur für die Flankenberührung im Wälzpunkt $C$. Bei $\alpha = 20°$ ist $y_C = 3{,}11$.

Für den Einzeleingriffspunkt $B_1$ gilt das Verhältnis der Beiwerte $\dfrac{y_1}{y_C} = \dfrac{1/\varrho_{B_m}}{1/\varrho_{C_m}}$,

somit

$$y_1 = y_C\, \frac{\varrho_{C_m}}{\varrho_{B_m}} = y_C\, \frac{2 r_1 r_2 \sin^2 \alpha}{(r_1 + r_2) \sin \alpha} \cdot \frac{(r_1 + r_2) \sin \alpha}{2 \varrho_{B_1}' \varrho_{B_1}''} = y_C\, \frac{i\, r_1^2 \sin^2 \alpha}{\varrho_{B_1}' \varrho_{B_1}''} = y_C\, \frac{i}{y_{\varepsilon_1}(1 + i - y_{\varepsilon_1})}\,,$$

weil nach Einführen eines Verhältnisbeiwertes $y_{\varepsilon_1}$ nach Abb. 29

$$\varrho_{B_1}' = y_{\varepsilon_1}\, \varrho_C' = y_{\varepsilon_1}\, r_1 \sin \alpha, \quad \varrho_{B_1}'' = (r_1 + r_2) \sin \alpha - \varrho_{B_1}' = r_1 \sin \alpha (1 + i - y_{\varepsilon_1}).$$

Bei Rad $1$ ist

$$y_{\varepsilon_1} = \frac{\varrho_{B_1}'}{\varrho_C'} = \frac{\varrho_C' + \overline{CE_2} - t_e}{\varrho_C'} = \frac{\varrho_C' + \varepsilon_1 t_e - t_e}{\varrho_C'} = 1 - \frac{t_e(1 - \varepsilon_1)}{\varrho_C'} = 1 - \frac{t \cos \alpha (1 - \varepsilon_1)}{r_1 \sin \alpha}$$

$$= 1 - \frac{2\pi(1 - \varepsilon_1)}{z_1 \operatorname{tg} \alpha} < 1, \text{ da } \overline{C E_2} = \varepsilon_1 t_e, \quad (\text{Abb. 29}) \quad t = \frac{2 r_1 \pi}{z_1}\,.$$

Bei Rad $2$ ist

$$y_{\varepsilon_2} = \frac{\varrho_{B_1}''}{\varrho_C''} = \frac{\overline{N_2 C} - C E_2 + t_e}{N_2 \overline{C}} = 1 + \frac{(- \varepsilon_1 t_e + t_e)}{r_2 \sin \alpha} = 1 + \frac{2\pi(1 - \varepsilon_1)}{z_2 \operatorname{tg} \alpha}\,.$$

Tabelle 8. *Berechnung der Beiwerte $q_\varepsilon$ und $y_\varepsilon$*

Rad $1$ treibt:

$$q_{\varepsilon_1} = 1{,}4/(\varepsilon_n + 0{,}4)$$
$$q_{\varepsilon_2} = 1{,}4/(\varepsilon_w + 0{,}4)$$
$$y_\varepsilon = 1 - \frac{2\pi}{z_{n_1} \operatorname{tg} \alpha_{b_n}} \left(1 - \varepsilon_{n_1} \frac{\varepsilon_w}{\varepsilon_n}\right) \leqq 1$$

Rad $2$ treibt:

$$q_{\varepsilon_1} = 1{,}4/(\varepsilon_w + 0{,}4)$$
$$q_{\varepsilon_2} = 1{,}4/(\varepsilon_n + 0{,}4)$$
$$y_\varepsilon = 1 - \frac{2\pi}{z_{n_1} \operatorname{tg} \alpha_{b_n}} (1 - \varepsilon_{n_1}) \leqq 1$$
$$\varepsilon_w = 1 + (\varepsilon_n - 1) \frac{m_n + v/4}{m_n + f/6} \leqq 2$$

$\varepsilon_n =$ Profilüberdeckung im Normalschnitt (Abb. 30), $v$ in [m/s]; $m_n$ in [mm]; $f$ in [$\mu$] (größter vorhandener Zahnfehler).

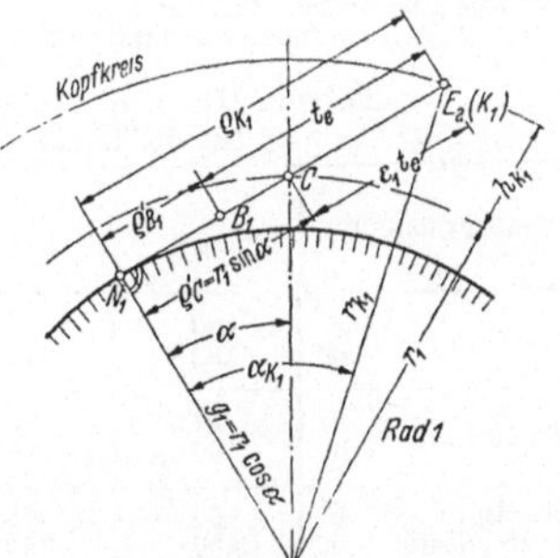


Abb. 29. Größen für Flankenbeiwert $y_1$ (bei $i \approx 1$ und $z < z_g = 14$ (17) liegt $E_2$ innerhalb des Kopfkreises)

Um die ungünstige Wirkung der negativen Gleitung auf die Wälzfestigkeit zu berücksichtigen und beim treibenden Ritzel die Verschiebung der maßgeblichen

Tabelle 9. *Werkstoffangaben*

| Nr. | Art und Behandlung | Bezeichnung | $\sigma_B$ kp/mm² | $\sigma_{bw}$ kp/mm² | Brinell-Härte $H_B$ Kern | Flanke | $k_0$* kp/mm² | $\sigma_0$** kp/mm² | Statische Festigkeit $\sigma_{0B}$ kp/mm² |
|---|---|---|---|---|---|---|---|---|---|
| 1 | Grauguß | GG 18 | 18 | 9 | 170 | | 0,19 | 4,5 | 18 |
| 2 | | GG 26 | 26 | 12 | 210 | | 0,33 | 6,0 | 26 |
| 3 | Sphärolithguß | ferritisch | 60 | — | 170 | | 0,32 | 25 | 100 |
| 4 | | perlitisch | 70···75 | — | 250 | | 0,64 | 25 | 140 |
| 5 | Stahlguß | · GS 52 | 52 | 21 | 150 | | 0,21 ⎱1 | 15 | 47 |
| 6 | | GS 60 | 60 | 24 | 175 | | 0,30 ⎰ | 17,5 | 52 |
| 7 | Maschinenstahl | St 42.11 | 42···50 | 20···24 | 125 | | 0,25 ⎫ | 16 | 45 |
| 8 | unlegiert | St 50.11 | 50···60 | 23···28 | 150 | | 0,36 ⎬1 | 19 | 55 |
| 9 | ungehärtet | St 60.11 | 60···70 | 28···33 | 180 | | 0,52 ⎭ | 21 | 65 |
| 10 | | St 70.11 | 70···85 | 33···40 | 209 | | 0,70 | 24 | 80 |
| 11 | | C 22 | 50···60 | 22···27 | 140 | | 0,23 ⎫ | 19,3 | 60 |
| 12 | | C 45 | 65···80 | 30···34 | 185 | | 0,40 ⎪ | 23 | 80 |
| 13 | | C 60 | 75···90 | 34···41 | 210 | | 0,51 ⎬1 | 25,6 | 90 |
| 14 | Vergüteter Stahl | 34 Cr 4 | 75···90 | 36···44 | 260 | | 0,80 ⎪ | 30 | 90 |
| 15a | | 37 MnSi 5 | 70···80 | 36···42 | 230 | | 0,55 ⎪ | 30,5 | 90 |
| 15b | | 37 MnSi 5 | 80···95 | 38···46 | 260 | | 0,70 ⎭ | 31,5 | 95 |
| 16 | | 42 CrMo 4 | 95···110 | 46···54 | 300 | | 0,80 | 31,5 | 110 |
| 17 | | C 10 | 45···50 | 25 | 170 | 590 | 4,2 | 20 | 90 |
| 18 | | C 15 | 50···65 | 27 | 190 | 736 | 4,9 | 22 | 95 |
| 19 | Einsatzgehärteter | 16 MnCr 5 | 80···110 | — | 270 | 650 | 5,0 | 42 | 140 |
| 20 | Stahl | 20 MnCr 5 | 100···130 | — | 360 | 650 | 5,0 | 47 | 160 |
| 21 | | 15 CrNi 6 | 90···120 | — | 310 | 650 | 5,0 | 44 | 160 |
| 22 | | 18 CrNi 8 | 120···145 | — | 400 | 650 | 5,0 | 47 | 170 |
| 23 | Flammen- oder | Ck 45 | 65···80 | — | 220 | 595 | 4,3 | 31,5 ⎫ | 140 |
| 24 | induktions- | 37 MnSi 5 | 90···105 | — | 270 | 560 | 3,7 | 34 ⎬3 | 125 |
| 25 | gehärteter Stahl | 53 MnSi 4 | 90···110 | — | 275 | 615 | 4,5 | 35 ⎭ | 110 |
| 26 | | 41 Cr 4 | 90···110 | — | 275 | 587 | 4,2 | 35 | 110 |
| 27 | Zyanbadgehärteter | 41 Cr 4 | 140···180 | — | 460 | 595 | 4,3 | 32 | 190 |
| 28 | Stahl | 37 MnSi 5 | 150···190 | — | 470 | 550 | 3,6 | 35 | 200 |
| 29 | Hartgewebe | grob | — | — | — | — | 0,18 ⎱2 | 5,6 | 17 |
| 30 | | fein | — | — | — | — | 0,23 ⎰ | 5,6 | 17 |

[1] Bei Lauf gegen gehärteten Stahl bis 35% größer.
[2] Für $v = 12$ m/s und bei geschliffenem Gegenrad aus Stahl.
[3] Gilt für Randhärtung bis über Zahnfuß; bei Durchhärtung etwa 20% kleiner; bei Randhärtung nur an Zahnflanke ist $\sigma_0 < 25$ kp/mm².
* Für Lauf gegen Rad aus Stahl $\approx$ gleicher Härte bei Ölschmierung.
** Gilt für Zahnfußausrundung $r_f \geqq 0,2$ m.

Tabelle 10. *Schmierstoff-Zähigkeit in Engler* (E) *und Centistokes* (cSt) *bei 50 °C für Stirnradtriebe in geschlossenen Kästen*

| Beanspruchung | | Umfangsgeschwindigkeit $v$ m/s | | | | | | |
|---|---|---|---|---|---|---|---|---|
| | | ···0,5 | ···1,0 | ···2,5 | ···5 | ···12,5 | ···25 | über 25 |
| Dauernd | E | 20 | 15 | 10,5 | 7,8 | 5,7 | 4 | 3 |
| | cSt | 152 | 114 | 80 | 59 | 43 | 29,5 | 21 |
| Zeitweise | E | 34 | 29 | 19 | 13 | 9 | 7,5 | 4,2 |
| | cSt | 260 | 220 | 145 | 99 | 68 | 57 | 31 |
| Zeitweise hochbelastet | E | 60 | 46 | 33 | 22 | 15 | 11 | |
| | cSt | 456 | 350 | 250 | 167 | 114 | 89,5 | |

Tabelle 11. *Beiwert* $y_{öl}$, *abhängig von der Ölzähigkeit*

| Ölzähigkeit | E | 1,5 | 3 | 5 | 9 | 13,5 | 19 | 26 | 35 | 40 |
|---|---|---|---|---|---|---|---|---|---|---|
| | cSt | 6,25 | 21 | 37,4 | 68 | 102 | 145 | 198 | 266 | 304 |
| $y_{öl}$ | | 0,7 | 0,75 | 0,8 | 0,9 | 1 | 1,1 | 1,2 | 1,3 | 1,35 |

Zahnkraft vom theoretischen Einzeleingriffspunkt $B_1$ nach $C$ einzuschätzen, rechnet man mit einem *wirksamen*

$$\text{Überdeckungsgrad } \varepsilon_w = 1 + (\varepsilon_n - 1)\,\frac{m_n + v/4}{m_n + f/6} \leqq 2 \text{ und setzt}$$

bei treibendem Rad *1*: $y_\varepsilon = 1 - \dfrac{2\pi}{z_{n_1}\,\mathrm{tg}\,\alpha_n}\left(1 - \varepsilon_{n_1}\dfrac{e_w}{\varepsilon_n}\right) \leqq 1,$

bei treibendem Rad *2*: $y_\varepsilon = 1 - \dfrac{2\pi}{z_{n_1}\,\mathrm{tg}\,\alpha_n}\,(1 - \varepsilon_{n_1}) \leqq 1.$

s. Tab. 8.

Die Gleichungen gelten allgemein für Gerad- und Schrägverzahnung im Normalschnitt (Zeiger $n$), für Normalschnittmodul $m_n$ [mm], Umfangsgeschwindigkeit $v$ [m/s] und größten auftretenden Zahnfehler $f\,[\mu]$. An Stelle des für Einzeleingriffspunkt $B_1$ abgeleiteten Beiwertes $y_1$ tritt ein *wirksamer* Beiwert

$$y_{w_1} = y_C\,y_\beta/y_\varepsilon \text{ für Rad } 1,$$
$$y_{w_2} = y_C\,y_\beta \quad \text{für Rad } 2.$$

Der Beiwert $y_\beta$ (Tab. 19) erfaßt die ungleiche Lastaufnahme der Schrägverzahnung; bei Geradverzahnung ist $y_\beta = 1$, $y_C = 3{,}11$ bei $\alpha = 20°$ (Tab. 18).

*Sicherheit gegen Grübchenbildung:*

$$S_{G_1} = \frac{i}{i+1} \cdot \frac{k_{D_1}}{y_{w_1} \cdot B_w}$$
(Rad *1*)

$$S_{G_2} = \frac{i}{i+1}\,\frac{k_{D_2}}{y_{w_2}\,B_w}$$
(Rad 2)

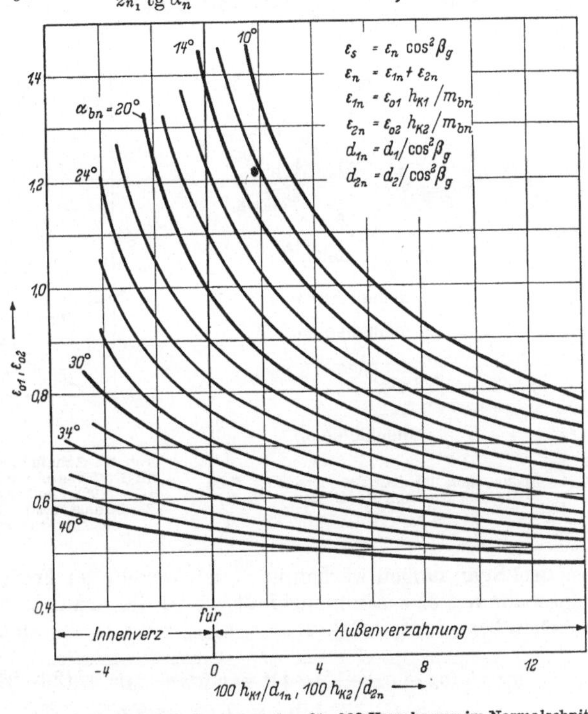



Abb. 30. Profilüberdeckung $\varepsilon_s$ und $\varepsilon_n$ für 20°-Verzahnung im Normalschnitt (nach Niemann)

$$m_{bn} = d_{b1n}/z_{1n} = d_{b1}\cos\beta_0/z_1;\ d_1 = d_{b1}:d_{1n} = d_{11n};$$
$$\varepsilon_w = 1 + (\varepsilon_n - 1)\frac{m_n + v/4}{m_n + f/6}$$

mit $k_{D_{1,2}} = y_G\,y_H\,y_\delta\,y_v \cdot k_{0_{1,2}}$, wobei die $k_0$-Werte aus Tab. 9 zu entnehmen, die Beiwerte $y_G \cdots y_v$ nach den Angaben der Tab. 12 zu bestimmen sind.

**15. Zahnfußbeanspruchung $\sigma$, Bruchsicherheit $S_B$.** Der Zahn kann am Zahnfuß nach lange dauernder und wiederholter Belastung, aber auch schon durch übergroße Stöße ausbrechen, weshalb mit der zutreffenden Dauer- bzw. Bruchfestigkeit, mit entsprechenden Sicherheitswerten und Beiwerten zu rechnen ist. Der gefährdete Zahnquerschnitt wird durch zwei unter 30° geneigte Tangenten an die Fußausrundung durch Berührungspunkt $S$ bestimmt (Abb. 31). Damit ist der Hebelarm $l$ und die Zahnfußstärke $s_f$ bekannt. Im Schnittpunkt der Zahnmittellinie mit der Richtungsgeraden — der Tangente an den Grundkreis bei Evolventenzähnen — wird die Normalkraft $P_n$ zerlegt in zwei zueinander senkrechte Komponenten $P_n \sin \alpha'$ und $P_n \cos \alpha'$. Im gefährdeten Querschnitt wirken auf der Zugseite (Anbruchstelle)

1. ein Biegungsmoment $M_b = P_n\, l \cos \alpha'$ mit Biegespannung $\sigma_b = \dfrac{6\,P_n\, l \cos \alpha'}{b\, s_f^2}$,

2. eine Druckkraft $\qquad P_n \sin \alpha'$ mit Druckspannung $\sigma_d = \dfrac{P_n \sin \alpha'}{b\, s_f}$,

3. eine Querkraft $\qquad P_n \cos \alpha'$ mit Schubspannung $\tau = \dfrac{P_n \cos \alpha'}{b\, s_f}$.

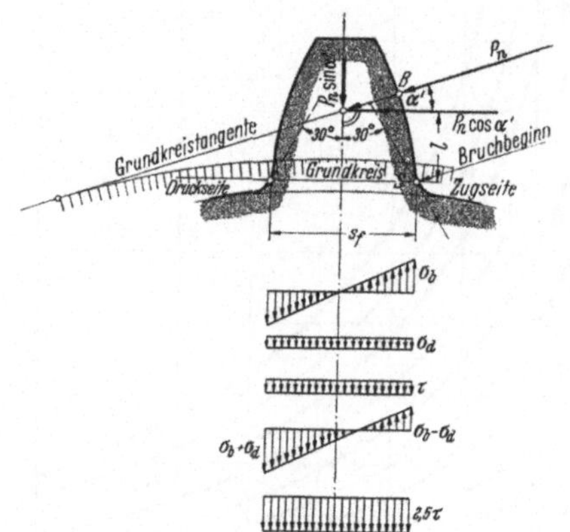


Abb. 31. Spannungen im Zahnfußquerschnitt $S$ im Abstand $2\,m$ vom Kopfkreis

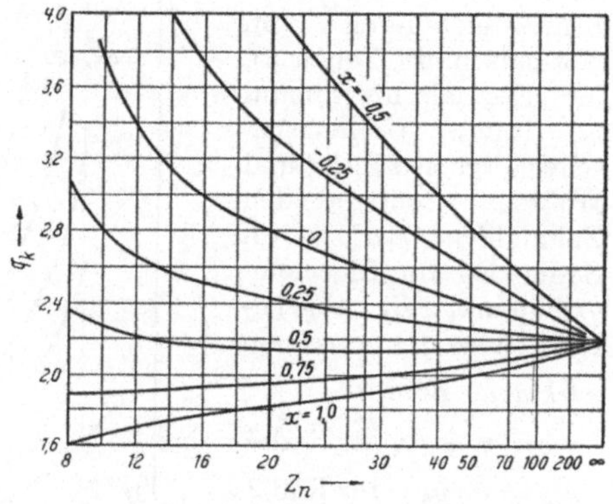

Abb. 32. Zahnfußbeiwert $q_K$ (nach NIEMANN). Gültig für Kraftangriff am Zahnkopf bei $2{,}25\,m_n$ Zahnhöhe; $\alpha_{0n} = 20°$; Flankenspiel Null; Zahnfußquerschnitt im Berührungspunkt der 30°-Tangente; Herstellung mit Zahnstange mit $0{,}38\,m_n$ Kopfabrundung

Diese drei Spannungen werden nach den Regeln der Festigkeitslehre zu einer Vergleichsspannung $\sigma_v'$ zusammengefaßt, wobei die Schubspannung $\tau$ durch einen aus Versuchen bestimmten Faktor $\mu = \sigma_{\mathrm{grenz}}/\tau_{\mathrm{grenz}} = 2{,}5$ umgewertet wird.

$$\sigma = \sqrt{(\sigma_b - \sigma_d)^2 + (\mu\, \tau)^2} = \sqrt{(\sigma_b - \sigma_d)^2 + (2{,}5\, \tau)^2}$$

$$= \sqrt{\left(\frac{6\,P_n\, l \cos \alpha'}{b\, s_f^2} - \frac{P_n \sin \alpha'}{b\, s_f}\right)^2 + \left(\frac{2{,}5\,P_n \cos \alpha'}{b\, s_f}\right)^2}$$

$$= \frac{P_n \cos \alpha'}{b\, s_f} \sqrt{\left(\frac{6\,l}{s_f} - \operatorname{tg} \alpha'\right)^2 + 6{,}25}$$

$$= \frac{U}{b\,m}\left(\frac{\cos \alpha'}{\cos \alpha} \cdot \frac{m}{s_f} \sqrt{\left(\frac{6\,l}{s_f} - \operatorname{tg} \alpha'\right)^2 + 6{,}25}\right) = \frac{U}{b\,m} \cdot q = \frac{B\, d_1\, b}{b\, m}\, q = B\, z_1\, q.$$

Der Klammerausdruck ist eine unbenannte Zahl $q$, die für jede festgelegte Verzahnung berechnet, in Tabellen oder Diagrammen zusammengefaßt werden kann. Diese Beiwerte $q$ hängen ab vom Eingriffswinkel $\alpha = \alpha_0$, der Zahndruckrichtung $\alpha'$ und dadurch auch von der Zähnezahl $z$.

Im Diagramm (Abb. 32) sind Zahnfußbeiwerte $q_k$, gültig für Kraftangriff am Zahnkopf, für verschiedene Zähnezahlen, sowohl für normale wie profilverschobene Evolventenverzahnungen mit genormtem Eingriffswinkel $\alpha_{0n} = 20°$ im Normalschnitt aufgetragen. Weitere vom Überdeckungsgrad $\varepsilon$ abhängige Beiwerte $q_\varepsilon$ berücksichtigen noch die Verschiebung des Angriffspunktes der maßgeblichen Zahnkraft gegenüber dem theoretischen Einzeleingriffspunkt $B_1$. Somit wird

*Wirksamer Beiwert für* Rad *1*: $q_{w_1} = q_{k_1} q_{\varepsilon_1}$: für Rad *2*: $q_{w_2} = q_{k_2} q_{\varepsilon_2}$. ($q_{k_1}$, $q_{k_2}$ aus Abb. 32 ablesen; $q_{\varepsilon_1} q_{\varepsilon_2}$ nach Tab. 8 berechnen mit den $\varepsilon$-Werten der Abb. 30).

Wirksamer Überdeckungsgrad $\varepsilon_w = 1 + (\varepsilon_n - 1) \dfrac{m_n + v/4}{m_n + f/6} \leqq 2.$

($v$ [m/s] Umfangsgeschwindigkeit, $f\,[\mu] =$ größter Zahnfehler.)

Sehr wichtig ist eine glatte Zahnfußausrundung, ohne Riefen und Schleifabsätze (vgl. Abb. 33).

Mit den in der Werkstofftabelle 9 angegebenen Zahnfuß-Dauerfestigkeiten $\sigma_0$ bestimmt man die *Sicherheit gegen Zahnbruch*

für Rad *1* $\quad S_{B_1} = \dfrac{\sigma_{D_1}}{z_1 \cdot q_{w_1} B_w}$ ,

für Rad *2* $\quad S_{B_2} = \dfrac{\sigma_{D_2}}{z_1\, q_{w_2} B_w}$ .

Die Werte der Zahnfußfestigkeit $\sigma_D$ sind der Tab. 13 zu entnehmen.

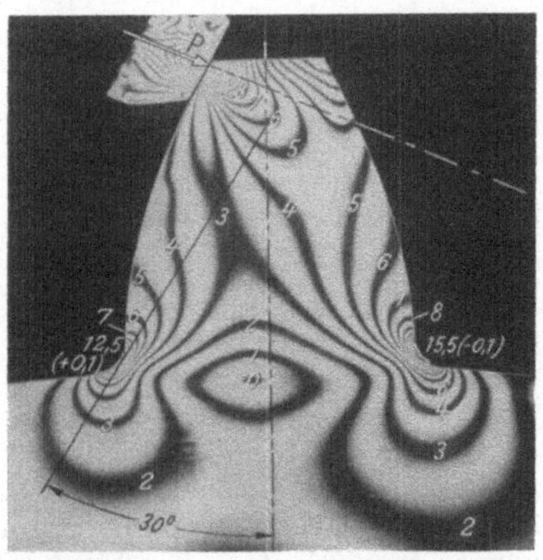


Abb. 33. Spannungsoptische Aufnahme der Zahnfußbeanspruchung (nach NIEMANN). Die eingetragenen Zahlen 1 bis 15,5 für Linien gleicher Spannung sind proportional der Spannung. Der Anbruch des Zahnes ist an der Zugseite des Zahnes (Randspannung 12,5) zu erwarten

Tabelle 12. *y-Beiwerte*

$y_G = 1$ bei Lauf der Werkstoffe (Tab. 9) gegen Stahl;

$y_G = 1,5$ bei Lauf der Werkstoffe (Tab. 9) gegen Grauguß;

$y_G = 0,5 + 2,1 \cdot 10^4/2 E_G$ bei Lauf gegen Werkstoffe mit anderem $E_G$-Modul;

$y_H = 1$, wenn Werkstoff-Flankenhärte gleich Tabellenwert $H_B$;

$y_H = (H/H_B)^2$, wenn Werkstoff-Flankenhärte von $H_B$ abweicht und kleiner ist als 650;

$y_{\text{ol}} =$ abhängig von Ölzähigkeit (Tab. 11);

$y_v = 0,7 + \dfrac{0,6}{1 + (8/v)^2}$ ; $v =$ Umfangsgeschwindigkeit [m/s].

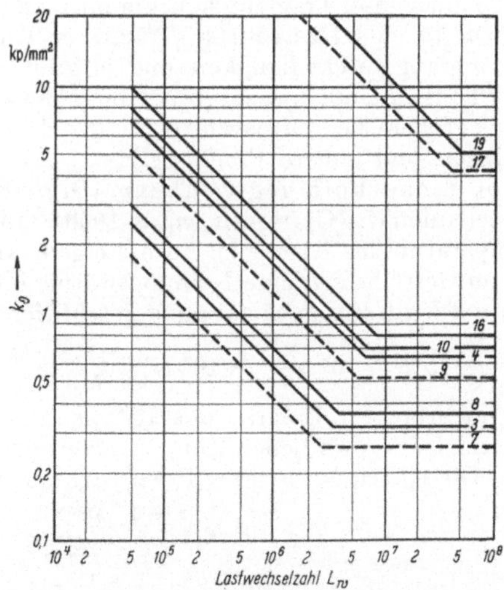


Abb. 34. Lebensdauerkurven für Flankenfestigkeit $k_0$ (nach NIEMANN). Zahlen in den Kurven gleich Werkstoffnummern nach Tab. 9. Für andere Werkstoffe Kurven entsprechend dem Dauerwert $k_0$ dieser Tabelle einordnen. Vollast-Lebensdauer bei $S_G < 1$

$$L_h = \frac{L_w}{n\,60} \approx \frac{167 \cdot 10^3}{n} \frac{k_D}{S_G^2}\ [\text{h}]$$

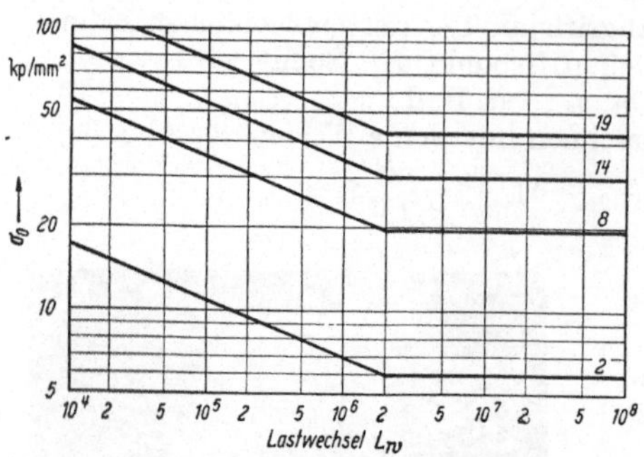


Abb. 35. Lebensdauerkurven für Zahnfußfestigkeit $\sigma_0$ (nach NIEMANN). Zahlen in den Kurven gleich Werkstoffnummern nach Tab. 9. Für andere Werkstoffe Kurven entsprechend dem Dauerwert $\sigma_0$ dieser Tabelle einordnen. Vollast-Lebensdauer bei $S_B < 1$

$$L_h = \frac{L_w}{n\,60} \approx \frac{33\cdot 10^2}{n} S_B^5 \ [\mathrm{h}]$$

Tabelle 13. $\sigma_0$-*Werte* (s. Abb. 9)

Zahnfußfestigkeit $\sigma_D$ gleich Grenzwert der statischen und dynamischen Beanspruchung. Daher

$\sigma_D = \sigma_0$     der Tab. 9 bei Berechnung der Sicherheit $S_B$ gegen Zahnfußbruch im Gebiet der Dauerfestigkeit;

$\sigma_D = \sigma_{0B}$     der Tab. 9 bei Berechnung gegen Gewaltbruch im Gebiet der statischen Festigkeit;

$\sigma_D = 0{,}7 \cdot \sigma_0$ bei Wechsellast an Zwischenrädern.

## 16. Flankenbeanspruchung.

**a) Sicherheit gegen Fressen.** Bei zu hoher Belastung wird der Schmierfilm durchbrochen, es bilden sich radial gerichtete Risse und Riefen an den Zahnkopfflanken. Weil das Fressen vor allem von der Wahl und der Temperatur des Schmierstoffes, dann auch von hoher Umfangsgeschwindigkeit, Rauhigkeiten der Flankenfläche und der Werkstoffpaarung abhängt, kann durch zäheres und gekühltes Öl meist die Freßlastgrenze über die anderen Belastungsgrenzen gehoben werden. Kürzung der Zahnköpfe oder entsprechende Flankenrücknahme am Zahnkopf ist als Vorbeugungsmittel zu empfehlen.

*Ölwahl, Ölzähigkeit.* Meist genügen reine Mineralöle. Für höhere Anforderungen an Schmier- und Tragfähigkeit nimmt man legierte Getriebeöle und stärker legierte EP-Öle (nach DIN 51501/4/5/9/12, s. a. Tab. 10 u. 11). Allgemein gilt: Je kleiner die Umfangsgeschwindigkeit und je größer die Wälzpressung und Rauhtiefe der Zahnflanken sind, um so größer muß die Ölzähigkeit (Viskosität) sein, die allerdings größere Leerlaufverluste bringt. Eine höhere Ölzähigkeit gibt größere Tragfähigkeit und höhere Freßlastgrenze[1].

**b) Sicherheit gegen übermäßige Erwärmung.** Bei hochbelasteten und schnellaufenden Getrieben ($n_1 \geqq 1000 \cdots 1500$) kann trotz Kühlölschmierung die Temperatur des Ritzels zu hoch steigen, wenn die Zahnverlustleistung $N_{vz}$, d. h. die im Getriebe erzeugte Reibungswärme im Verhältnis zu den Ritzelabmessungen zu groß wird. Für gehärtete und geschliffene Zahnräder aus Stahl soll nach HOFER

$$d_1^{mm}\, b^{mm} \geqq 10^3\, N_{vz}^{\mathrm{PS}} \geqq 10^3\, N_1^{\mathrm{PS}}\, \frac{i\pm 1}{7 z_2} \cdot \frac{h_k^{\max}}{m}\ \text{sein} \ (\text{—-Zeichen für Hohlrad}).$$

Bei mehrfachem Eingriff des Ritzels, z. B. bei Umlaufgetrieben mit 3 Umlaufrädern, ist $N_{vz}$ für jeden Eingriff zu ermitteln und mit der Summe $\Sigma\, N_{vz}$ zu rechnen. Die Gleichung kann auf den wirksamen Lastwert $B_w$ umgeschrieben werden.

$$d_1\, b \geqq 10^3\, N_1\, \frac{i\pm 1}{7 z_2} \cdot \frac{h_k^{\max}}{m} \geqq \frac{10^3\, B_w\, d_1^i\, b\, n_1}{1{,}43 \cdot 10^6} \cdot \frac{i\pm 1}{7 z_2} \cdot \frac{h_k^{\max}}{m}$$

$$\geqq \frac{B_w\, d_1^i\, b\, n_1}{10000} \cdot \frac{i\pm 1}{d_1\, i}\, h_k^{\max} \geqq \frac{B_w\, d_1\, b\, n_1}{10000} \cdot \frac{i\pm 1}{i}\, h_k^{\max}.$$

$$B_w \leqq \frac{i}{i\pm 1} \cdot \frac{10000}{n_1\, h_k^{\max}}\ [\mathrm{kp/mm}^2].$$

[1] Nähere Angaben über Bestimmung der Freßlastgrenze s. NIEMANN, Maschinenelemente Bd. II, S. 89.

Somit Sicherheit gegen übermäßige Erwärmung

$$S_{\tau_1} = \frac{i}{i \pm 1} \cdot \frac{10000}{n_1 h_k^{\max}} \Big/ \Sigma B_w \geq 1.$$

Tab. 14 enthält Anhaltswerte für die Vollast-Lebensdauer verschiedener Getriebe.

Tabelle 14. *Anhalt für Vollast-Lebensdauer* $L_h$

| Zeitgetriebe | $L_h$ [h] | | |
|---|---|---|---|
| Werkzeugmaschinen . . . . . . . . . | $100 \cdots \infty$ | | |
| Hebezeuge | | | |
| Handwinden, Elektrozüge . . . . . | $10 \cdots 80$ | | |
| Stückgutwinden . . . . . . . . . . | $40 \cdots 200$ | | |
| Greiferwinden . . . . . . . . . . | $320 \cdots \infty$ | | |
| | Pkw | Lkw | Schlepper |
| Kraftfahrzeuge | | | |
| 1. und Rückwärtsgang . . . . . . | $10 \cdots 40$ | $40 \cdots 200$ | $200 \cdots$ |
| Obere Gänge . . . . . . . . . . . | $\infty$ | $\infty$ | $\infty$ |

**17. Überschlagsrechnung mit Belastungszahl c (Vergleichswert).** Für grobe
Überschlagsrechnungen nimmt man an, daß die Umfangskraft $U$ kp in voller Größe
am Zahnkopf tangential zum Radumfang angreift und den Zahn nur auf Biegung
beansprucht. Für Querschnitt $f \cdots f$ (Abb. 36) wird

$$U\, l_f = \frac{b\, s_f^2}{6}\, \sigma_{\text{zul}}.$$

Wählt man

$$s_f = 0{,}52\, t \; (= 1{,}63\, m)$$
$$l_f = 0{,}64\, t \; (= 2\, m),$$

dann wird

$$U\,[\text{kp}] = 2\, M_1/d_1 = b\, t\, \sigma_{\text{zul}}/14 = b\, t\, c.$$

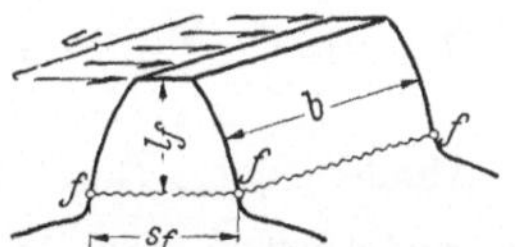

Abb. 36. Biegungsbeanspruchung
eines Zahns durch eine am Radumfang wirkende Kraft $U$

Man heißt $c = \sigma_{\text{zul}}/14$ die *Belastungszahl*. Die Rechnung ist
stets für das kleine Rad auszuführen und gibt brauchbare
Werte für kleine Zähnezahlen.
Für größere erhält man meist
zu große Moduln. Durch Erfahrung oder aus Nachrechnung
guter Ausführungen gewonnene
$c$-Werte lassen jedenfalls für
gleiche Fälle die Moduln ohne
Kenntnis der auftretenden
Randspannungen abschätzen
s. auch (Tab. 15 u. 16).

Tabelle 15. *c-Werte verschiedener Werkstoffe*

| Werkstoff | Bezeichnung | $c$ kp/mm² |
|---|---|---|
| Holz. Weißbuche . . | | $0{,}05 \cdots 0{,}15$ |
| Grauguß . . . . . . | GG 18 | $0{,}25$ |
| Schleuder-Phosphorbr. | GBz 14 | $0{,}4 \cdots 0{,}5$ |
| Al. Mehrstoff-Bronze . | GAl-M-Bz | $0{,}5 \cdots 0{,}7$ |
| Stahlguß . . . . . . | GS 52 | $0{,}35 \cdots 0{,}65$ |
| Unlegierte Stähle . . | St 34.11 | $0{,}55$ |
| | St 42.11 | $0{,}6$ |
| | St 50.11 | $0{,}7$ |
| | St 60.11 | $0{,}85$ |
| Einsatz-Stähle . . . . | 15 CrNi 6 | $1{,}0 \cdots 2{,}0$ |
| | 18 CrNi 8 | |

Tabelle 16. *c'-Wert für Preßstoff (Hartgewebe) abhängig von* $v$ m/s *und* $z$
$$U = c\, b\, t = (c'\, q)\, b\, t$$

| $v$ m/s | 0,5 | 1 | 2 | 4 | 6 | 8 | 10 | 12 | 15 |
|---|---|---|---|---|---|---|---|---|---|
| $c'$ kp/mm² | 0,25 | 0,23 | 0,22 | 0,17 | 0,13 | 0,11 | 0,095 | 0,085 | 0,07 |

| $z$ | 13 | 15 | 20 | 25 | 30 | 40 | 60 | 80 | 100 |
|---|---|---|---|---|---|---|---|---|---|
| $q$ | 0,7 | 0,85 | 1,0 | 1,08 | 1,14 | 1,21 | 1,27 | 1,31 | 1,34 |

## C. Stirnräder mit geraden Zähnen und Profilverschiebung

**18. Abmessungen**[1]. Durch Abrücken des Zahnstangenwerkzeugs um die Werte $x_1 m$ bzw. $x_2 m$ ($m =$ Teilkreismodul) ändern sich stets die Zahnmaße, die Durchmesser, der Betriebseingriffswinkel im Wälzkreis und zumeist der Achsabstand (Näheres WB. 47, Abschn. 30···41 mit Beispielen 1···5,7). Durch die Profilverschiebung kann der Zahnunterschnitt (WB. 47, Abschn. 25) bei niedrigen Zähnezahlen vermieden, ein verlangter Achsabstand $a_v$ genau eingehalten und vor allem die Tragfähigkeit des Ritzels erhöht werden. Die erreichbare Profiländerung des Zahns nimmt mit wachsender Zähnezahl ab, sie ist Null bei der Zahnstange ($z_2 = \infty$), bei kleinen Zähnezahlen wird sie durch Spitzigwerden der Zähne begrenzt. Zwischen zwei Forderungen ist zu unterscheiden:

**a) Unterschnitt soll vermieden werden.**

**Allgemeines.** Unterschnitt entsteht, wenn die Zahnsumme $(z_1 + z_2) < 2\,z_g$ ist, wobei

$$z_g = \text{theoretische Grenzzähnezahl} = \frac{2}{\sin^2 \alpha} = \frac{2}{\sin^2 20°} \approx 17,$$

$$z_g' = \text{praktische Grenzzähnezahl} = 5/6 \frac{2}{\sin^2 \alpha} = \frac{2}{1,2 \sin^2 \alpha} \approx 14 \text{ ist.}$$

Praktischer Profilverschiebungsfaktor bei $\alpha_0 = 20°$ ist $x_{1.2} = \dfrac{14 - z_{1,2}}{17}$ .

Praktischer Profilverschiebungsfaktor bei $\alpha_0 \gtrless 20°$ ist $x_{1.2} = \dfrac{\dfrac{2}{1,2 \sin^2 \alpha} - z_{1,2}}{\dfrac{2}{\sin^2 \alpha}}$

Abmessungen: Gegeben sind $z_1, z_2$; $\alpha_0 = 20°$; $m$ und $ev\ 20° = 0,01490$.

Berechnet wird $x_1$ und $x_2$ und die Evolventenfunktion $ev\,\alpha_b = ev\ 20° + \dfrac{2\,(x_1 + x_2)\,\text{tg}\,20°}{z_1 + z_2}$ .

Aus der Evolventenfunktions-Tabelle 32 wird der Eingriffswinkel $\alpha_b$ abgelesen.

$$\textit{Walzkreishalbmesser} \begin{cases} r_{b_1} = r_{0_1} \cdot \dfrac{\cos 20°}{\cos \alpha_b} = \dfrac{z_1\,m}{2} \cdot \dfrac{\cos 20°}{\cos \alpha_b}\,; \\[2ex] r_{b_2} = r_{0_2} \cdot \dfrac{\cos 20°}{\cos \alpha_b} = \dfrac{z_2\,m}{2} \cdot \dfrac{\cos 20°}{\cos \alpha_b}. \end{cases}$$

$$\textit{Modul}\ \ m_b = m\,\frac{\cos 20°}{\cos \alpha_b} .$$

$\textit{Achsabstand}\ \ a_v = r_{b_1} + r_{b_2} = \dfrac{(z_1 + z_2)}{2} \cdot m\,\dfrac{\cos 20°}{\cos \alpha_b}$ (ohne Flankenspiel). Praktisch muß ein Flankenspiel $S_f \approx (0,05 \cdots 0,1)\,m$ vorhanden sein, das sich durch eine Achsabstands-Vergrößerung $S_f/2 \sin \alpha_b$ bemerkbar macht. Daher endgültiger

$$\textit{Getriebe-Achsabstand}\ \ a_v' = a_v + \frac{S_f}{2 \sin \alpha_b} .$$

$\textit{Getriebe-Betriebseingriffswinkel}\ \alpha_b'$ aus $\cos \alpha_b' = \cos 20 \cdot \dfrac{a_0}{a_v'}$ .

Abstand der Teilkreise *ohne* Flankenspiel $v = a_v - a_0 = a_0 \left( \dfrac{\cos 20°}{\cos \alpha_b} - 1 \right)$ .

Abstand der Teilkreise *mit* Flankenspiel $v' = a_v' - a_0 = a_0 \left( \dfrac{\cos 20°}{\cos \alpha_b} - 1 \right) + \dfrac{S_f}{2 \sin \alpha_b}$ .

---

[1] Zeiger für Größen im Teilkreis $o$, im Betriebswälzkreis $b$, für neuen Achsabstand $v$.

*Zahnfußtiefe* $h_{f_1} = 1{,}2\,m - x_1\,m = (1{,}2 - x_1)\,m$; $h_{f_2} = (1{,}2 \mp x_2)\,m$.
*Zahnkopfhöhe* $h_{k_1} = h_{f_2} + v - S_k = (1{,}2 \mp x_2 - 0{,}2)\,m + v = (1 \mp x_2)\,m + v$;
$h_{k_2} = h_{f_1} + v - S_k = (1 - x_1)\,m + v$.

Unteres Vorzeichen für Hohlrad; $S_k =$ Kopfspiel zwischen Kopfkreis des einen und Fußkreis des anderen Rades $= 0{,}2\,m$.

*Außendurchmesser* $d_{a_1} = z_1\,m + 2\,h_{k_1}$; $d_{a_2} = z_2\,m \pm 2\,h_{k_1}$.

**b)** Ein Achsabstand $a_v$ muß erreicht werden.

· Gegeben: $a_0$; $m$; $\alpha_0 = 20°$; $z_1$ und $z_2$; verlangt $a_v > a_0$.
Gesucht: $(x_1 + x_2)$.

*Eingriffswinkel* $\alpha_b$ aus $\cos \alpha_b = \dfrac{a_0}{a_v} \cos 20°$. Mit $\alpha_b$ die Evolventenfunktion ev $\alpha_b$ aus Tab. 32 bestimmen und

$$(x_1 + x_2) = \frac{(\text{ev } \alpha_b - \text{ev } 20°)\,(z_1 + z_2)}{2\,\text{tg } 20°}$$

berechnen. Die Zähne des stärker beanspruchten Ritzels werden mit größerer positiver Abrückung $(+x_1\,m)$ geschnitten und damit seine Tragfähigkeit erhöht. Die Abrückung $(+x_2\,m)$ für Rad 2 muß die Bedingung $(x_1 + x_2)\,m$ erfüllen.

*Wälzkreishalbmesser* $r_{b_1} + r_{b_2} = a\,\dfrac{\cos 20°}{\cos \alpha_b} = \left(\dfrac{z_1 + z_2}{2}\right) m\,\dfrac{\cos 20°}{\cos \alpha_b} = a_v > a_0$.

**19. Nachweis der Tragfähigkeit. Wälzfestigkeit.** Wie bei der Normalverzahnung $(\alpha_0 = 20°)$ sind $U = \dfrac{2\,M_1}{d_{b_1}}$ [kp], Nennlastwert $B = \dfrac{U}{b \cdot d_{b_1}}$ [kp/mm²] und wirksamer Lastwert $B_w$ zu bestimmen, wobei wieder $B_w = B \cdot C_S \cdot C_D \cdot C_T \cdot C_\beta$ ist und die Belastungsbeiwerte $C$ der Tab. 5 und den Abb. 24 u. 25 zu entnehmen bzw. zu berechnen sind ($C_\beta$ bei geraden Zähnen $= 1$).

*Sicherheit gegen Grübchenbildung:*

$$S_{G_1} = \frac{i}{i+1}\,\frac{k_{D_1}}{y_{w_1}\,B_w}\,; \qquad S_{G_2} = \frac{i}{i+1}\,\frac{k_{D_2}}{y_{w_2}\,B_w}$$

$$k_{D_{1,2}} = y_G\,y_H\,y_{öl}\,y_v \cdot k_{0_{1,2}} \quad (k_{0_{1,2}} \text{ aus Tab. 9}),$$

$y_{w_1} = y_C\,y_\beta / y_s$; $y_{w_2} = y_C\,y_\beta$ (Beiwert $y_\beta$ bei geraden Zähnen $= 1$).
Beiwert $y_C$ gilt für den neuen Wälzpunkt $C_b$ und kann aus Tab. 18 für verschiedene $\alpha_b$-Werte von $10° \cdots 35°$ entnommen, Beiwert $y_\varepsilon$ nach Tab. 8 und $y_{w_{1,2}}$ wie in Abschn. 14 berechnet werden. Aus Diagramm Abb. 30 ist die Profilüberdeckung im Teilkreis $\varepsilon_{01}$ und $\varepsilon_{02}$ bei verschiedenen Wälzkreiswinkeln $\alpha_{b_n}$ ablesbar, womit die Profilüberdeckung im Normalschnitt durch $\varepsilon_{n_{1,2}} = \varepsilon_{0_{1,2}}\,\dfrac{h_{k_{1,2}}}{m\,b_n}$ und $\varepsilon_n = \varepsilon_{n_1} + \varepsilon_{n_2}$, die Profilüberdeckung im Stirnschnitt durch $\varepsilon_s = \varepsilon_n \cos^2 \beta_g$ berechnet wird.

**Zahnfußfestigkeit.** Durch die positive Profilverschiebung beim Ritzel änderten sich alle Winkel, Durchmesser, Teilung und Zahngestalt. In Sonderfällen empfiehlt sich ein maßstäbliches Aufzeichnen. Man geht von den beiden Grundkreismittelpunkten $O_1\,O_2$ aus, die jetzt im neuen Achsabstand $a_v$ liegen, zieht die Grundkreise mit den unveränderten Radien $r_{1,2}\cos \alpha_0$, findet durch die gemeinschaftliche Tangente den neuen Betriebseingriffswinkel $\alpha_v$, zieht die neuen Kopfkreise, bestimmt dadurch die Punkte $E_1\,E_2$, im Abstand $t_e$ die Einzeleingriffspunkte $B_1\,B_2$ und kann z. B. durch $B_2$ das Zahnprofil *1* (Abb. 28) entwickeln. Vom Schnittpunkt der Evolvente mit dem Teilkreis trägt man die halbe Teilkreiszahnstärke $s/2 = t/4 + m\,x_1\,\text{tg } 20°$ ab und kann die Zahnmittellinie nach $O_1$ ziehen. Der Winkel $\zeta$ (Abb. 28) zwischen $CO_1$ und Zahnmittellinie kann gemessen und schließlich der Winkel $\alpha_1' = \alpha_v - \zeta$ (Abb. 31) der Kraftrichtung gefunden werden. Mit den Maßen $s_{f_1}\,l_1$ und $m_b$ ergibt sich die Vergleichsspannung $\sigma = \dfrac{U}{b \cdot m_b} \cdot q = \dfrac{B\,d_{b_1}\,b}{b\,m_b}\,q = B\,z_1\,q$ Zahnfußbeiwert $q$ (nach Abb. 32).

Bei Kraftangriff am Zahnkopf kann aus Diagramm Abb. 32 sofort der Zahnfußbeiwert $q_k$ für verschiedene Profilabrückungen ($x$) abgelesen werden, wobei hier für Geradverzahnung $z_n = z$ ist.

*Sicherheit gegen Zahnbruch:*

$$S_{B_1} = \frac{\sigma_{D_1}}{z_1\, q_{w_1}\, B_w}\,; \qquad S_{B_2} = \frac{\sigma_{D_2}}{z_1\, q_{w_2}\, B_w}\,.$$

Dabei ist

$\sigma_{D_{1,2}} = \sigma_0$ der Tab. 9 bei Beanspruchung auf Dauerfestigkeit,

$\sigma_{D_{1,2}} = \sigma_{0B}$ der Tab. 9 bei großer Stoßbelastung, Gewaltbruch,

$\sigma_D \ \ = 0,7\,\sigma_0$ der Tab. 9 bei Wechselkraft (Zwischenräder).

Beiwerte $q_{k_{1,2}}$, $q_{w_{1,2}}$, $q_{\varepsilon_{1,2}}$, $\varepsilon_n$- und $\varepsilon_n$-Werte wie bei Abschn. 14 und 15 (gerade Zähne mit genormter Zahnform; Abb. 32; Tab. 8; Abb. 30).

## D. Stirnräder mit schraubenförmigen Zähnen, Schrägzahnstirnräder

**20. Allgemeine Grundlagen.** Zwei Stirnräder mit Evolventenschraubenzähnen greifen nur dann richtig ein, wenn sie gleiche Grundkreisteilung $t_g = t_e$ und gleichen Grundkreisschrägungswinkel $\beta_g$ haben. Sie müssen also durch Abwälzen des gleichen Bezugsprofils der Schrägzahnplatte mit Schrägungswinkel $\beta$ in der Wälzebene (Abb. 37) verzahnt werden. Die ebenen Zahnflanken des Bezugsprofils sind im senkrecht zur Radachse geführten Stirnschnitt (Zeiger $s$, Abb. 37) unter Winkel $\alpha_s$, im senkrecht zur Flankenlinie $FC$ geführten Normalschnitt (Zeiger $n$) unter Winkel $\alpha_n$ geneigt. Die Eingriffsebene schneidet die schräge ebene Zahnfläche des Bezugsprofils

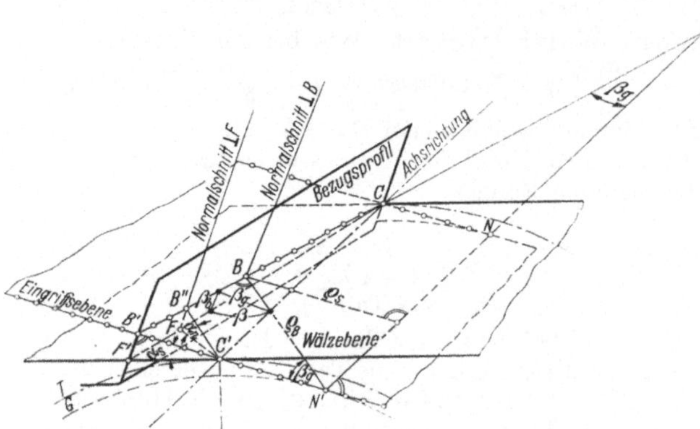


Abb. 37.   Eingriffsbild der Schrägverzahnung. Flankenlinie $F$, Berührungslinie $B$ und Winkel $\beta$, $\beta_g$, $\beta_b$

längs einer Geraden $B'BC$, die mit $N'N$ (der Tangente der Eingriffsebene am Grundzylinder) den Winkel $\beta_g$ einschließt und beim Abwickeln vom Grundzylinder die Zahnfläche des Rades erzeugt. Nur im Stirnschnitt senkrecht zur $C'C$-Geraden entsteht das genaue, im Normalschnitt senkrecht zur $B'C$- oder $F'C$-Geraden stets ein angenähertes Evolventenprofil, weil der Grundkreiszylinder nur im Stirnschnitt eine Kreisfläche, in den benachbarten Schräglagen eine Ellipsenfläche zeigt. Die schraubenförmigen Zahnflanken sind Geradenflächen, die aus lauter schräg über die Flanken laufenden Geraden $B$, (sofern $\beta$ längs der Zahnbreite konstant bleibt) den Berührungslinien mit dem ebenen Bezugsprofil, aufgebaut sind (in Abb. 38 mit $\mathfrak{E}_1\,\mathfrak{C}\,\mathfrak{E}_2$ bezeichnet). Diese $B$-Geraden schließen mit der Flankenlinie $F'C$ des Bezugsprofils den Winkel $\beta_b$ ein. Die Zahnschraubenflächen haben nur am Grundzylinder den Schrägungswinkel $\beta_g$. Längs der $B$-Geraden ändert sich der Biegehebelarm der Zahnkraft und damit die Lastaufnahme. In jeder Zahnstellung greifen mehrere Zähne, es gibt praktisch keine Einzeleingriffsstellung wie bei der Geradverzahnung, die Zähne greifen nicht gleichzeitig auf der ganzen Zahnbreite, daher größere Laufruhe. Die Summe der eingreifenden $B$-Längen ändert sich mit der Zahnstellung. sofern die Sprungüberdeckung nicht ganzzahlig ist ($\varepsilon_{sp} = 1$, $= 2$, $= 3 \cdots$). Zahn- und Achsrichtungsfehler verändern die Lastverteilung längs der Zahnbreite ungefähr im gleichen Maße wie bei der Geradverzahnung, Teilungsfehler dagegen erhöhen die Gefahr eines Zahnbruchs, weil die ganze Umfangskraft nur auf ein fehlerhaftes Eckteilstück wirkt. Der Krümmungshalbmesser $\varrho_B$ der Zahnflanken im Normalschnitt liegt in der Eingriffsebene und ist für jeden Eingriffspunkt $B$ größer als der entsprechende Krümmungshalbmesser $\varrho_s$ im Stirnschnitt (Abb. 37). Es ist $\varrho_B = \varrho_s/\cos\beta_g$. Wälzpressung und Zahnkräfte verlaufen in der Eingriffsebene, werden, was besonders bei den üblichen großen Schrägungswinkeln und bei Profilverschiebung zu beachten ist, nur in den $B$-Geraden übertragen, nicht in den Flankenlinien $F'FC$. Der Normalschnitt senkrecht zur $B'BC$-Linie gibt im Punkte $C$ eine Schnittellipse, deren Krümmungshalbmesser $r_{0n} = r_0/\cos^2\beta_g$ ist. Sie wird ersetzt durch

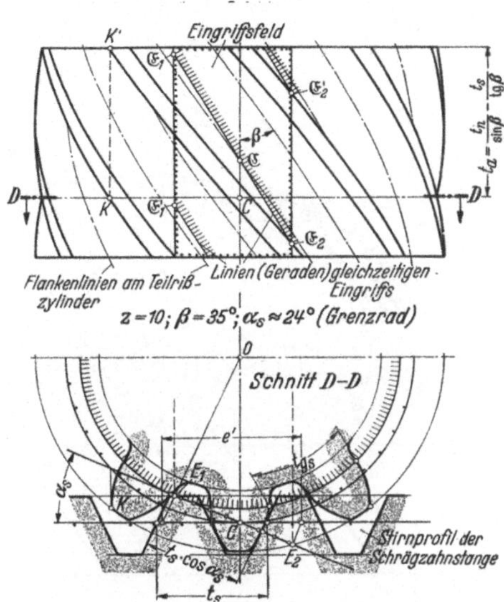


Abb. 38. Geradliniger Verlauf des Eingriffs auf der Zahnflanke des Schrägzahnstirnrades. $\mathfrak{E}_1 \mathfrak{E} \mathfrak{E}_2$ gleich Linie (Gerade) des gleichzeitigen Eingriffs

ein Ersatzstirnrad (Zeiger $n$), das gerade (achsenparallele) Zähne aber gleiche Krümmung wie das Schrägzahnrad im Punkte $C$ hat.

**21. Abmessungen[1].** Aus den Maßen des Bezugsprofils im Stirn- bzw. Normalschnitt (Abb. 39) folgt $\operatorname{tg}\alpha_{0s} = \dfrac{\operatorname{tg}\alpha_{0n}}{\cos\beta_0}$. Der Gewindecharakter des Schrägzahns bedingt, daß $\operatorname{tg}\beta_g/\operatorname{tg}\beta_0 = g/r_0 = \cos\alpha_{0s}$ ist. Diese Gleichung wird umgeschrieben in $\sin\beta_g = \dfrac{\sin\beta_0}{\cos\beta_0} \cdot \cos\beta_g \cos\alpha_{0s}$. Da $\cos\beta_0 = \dfrac{t_n}{t_s}$, $\cos\beta_g = \dfrac{t_{ng}}{t_{sg}}$, $\dfrac{\cos\beta_g}{\cos\beta_0} = \dfrac{t_{ng}\,t_s}{t_n\,t_{sg}} = \dfrac{\cos\alpha_{0n}}{\cos\alpha_{0s}}$, wird $\sin\beta_g = \sin\beta_0 \cos\alpha_{0n}$; $\cos\beta_g = \cos\beta_0 \dfrac{\cos\alpha_{0n}}{\cos\alpha_{0s}} = \dfrac{\sin\alpha_{0n}}{\sin\alpha_{0s}}$.

| | |
|---|---|
| Teilkreisdurchmesser (Schrägzahnrad) | $d_{01} = z_1 m_s = z_1 m_n/\cos\beta_0$; $d_{02} = z_2 m_n/\cos\beta_0$. |
| Teilkreisdurchmesser (Ersatzstirnrad) | $d_{0n1} = d_{01}/\cos^2\beta_g = z_{n1} m_n$; |
| | $d_{0n2} = d_{02}/\cos^2\beta_g = z_{n2} m_n = i\, d_{0n1}$. |
| Modul im Normalschnitt $\perp$ $FC$-Linie | $m_n = m_s \cos\beta_0 =$ Werkzeugmodul |
| Teilung im Normalschnitt $\perp$ $FC$-Linie | $t_n = t_s \cos\beta_0$ |
| Grundkreishalbmesser des Ersatzstirnrades | $g_1 = d_{01} \cos\alpha_{0s}/2$; $g_2 = d_{02} \cos\alpha_{0s}/2$ |
| Zähnezahlen des Ersatzstirnrades | $z_{n1} = d_{0n1}/m_n = d_{01}/\cos^2\beta_g\, m_n$ |
| | $= d_{01}/\cos^2\beta_g\, m_s \cos\beta_0 = z_1/\cos^2\beta_g \cos\beta_c$ |
| | $= z_1(z_n/z)$ (s. Tab. 17) |
| | $z_{n2} = i\, z_{n1} = z_2/\cos^2\beta_g \cos\beta_0 = z_2(z_n/z)$ |
| Schrägungswinkel am Wälzzylinder | meist $\beta_0 = 10° \cdots 30°$ |

---

[1] Zeiger für Größen im Normalschnitt $n$, im Stirnschnitt $s$, am Teilkreis $o$, am Grundkreis $g$.

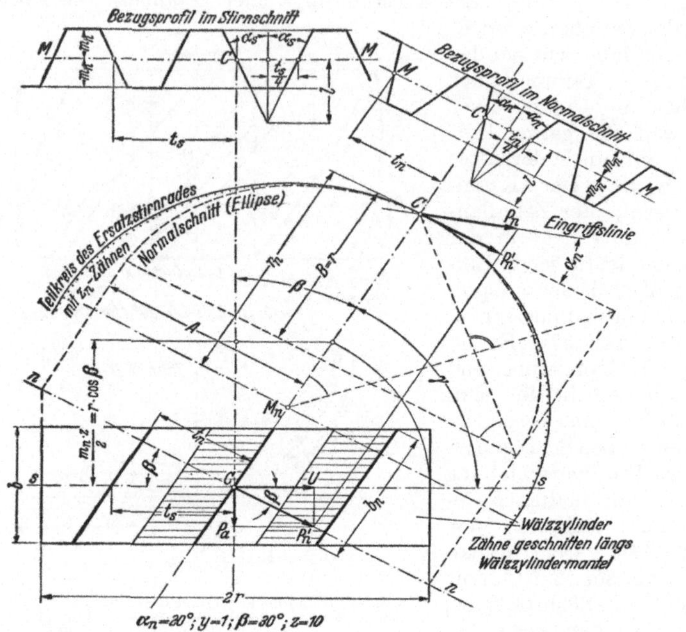



Abb. 39. Wälzkreishalbmesser $r$ und Krümmungshalbmesser $r_n$ des Schrägzahnstirnrades im **Punkte** $C$

Schrägungswinkel am Grundzylinder $\qquad \beta_g \quad$ aus $\sin \beta_g = \sin \beta_0 \cos \alpha_{0n}$

Eingriffswinkel im Stirnschnitt $\qquad\quad \alpha_{0s} \quad$ aus $\operatorname{tg} \alpha_{0s} = \operatorname{tg} \alpha_{0n}/\cos \beta_0$

Eingriffswinkel im Normalschnitt $\qquad\ \alpha_{0n} \quad$ meist $20° =$ genormter Werkzeug-Eingriffswinkel

Stirnprofil-Überdeckungsgrad
(s. Abb. 38, $e' = e_1 + e_2$)

$$\varepsilon_s = \frac{e_1 + e_2}{t_s} = \frac{E_1\,E_2}{t_s \cos \alpha_{0s}} = \varepsilon_n \cos^2 \beta_g$$

$$\text{(Abb. 30)}$$

$$= \frac{\sqrt{r_{k1}^2 - g_1^2} + \sqrt{r_{k2}^2 - g_2^2} - a_0 \sin \alpha_{0s}}{\cos \alpha_{0s}\, t_s}$$

Sprungüberdeckung

$$\varepsilon_{\mathrm{sp}} = b \operatorname{tg} \beta_0/t_s = b \sin \beta_0/t_n = b \sin \beta_0/\pi\, m_n$$

Mindestzähnezahl

$$z_1 = z_{1n} \cos^2 \beta_g\ \cos \beta_0 =$$

$h_k =$ (Zahnkopfhöhe des Werkzeugs ab Wälzkreis)

$$\geq \frac{2\,h_k}{1{,}2\, m_n \sin^2 \alpha_{0n}}\ \cos^2 \beta_g\ \cos \beta_0 = \frac{z_{1n}^{\min}}{(z_n/z)}$$

Bei Normalverzahnung ($x = 0$) ist nach Tab. 4 $z_{\min} = 14{,}3$, bei $\beta_0 = 45°$ wird nach Tab. 17 $z_{1n}^{\min} = \dfrac{14{,}3}{2{,}532} = 5{,}66 \approx 6$.

**22. Nachweis der Tragfähigkeit.** Im allgemeinen Ansatz der Gleichungen für den Nachweis der Tragfähigkeit gerader Zähne wurden wohl Beiwerte $y_\beta$ und $C_\beta$ mitgeführt, aber stets mit 1 abgegolten. Hier bei *schrägen* Zähnen muß auch die

**Tabelle 17.** *Rechnungsgrößen abhängig vom Schrägungswinkel $\beta_0$*

| $\beta_0$ | $\cos^2 \beta_g$ | $z_n/z$ |
|---|---|---|
| 0° | 1,0000 | 1,000 |
| 1 | 0,9997 | 1,000 |
| 2 | ,9989 | ,002 |
| 3 | ,9976 | ,004 |
| 4 | ,9957 | ,007 |
| 5° | 0,9933 | 1,011 |
| 6 | ,9904 | ,015 |
| 7 | ,9869 | ,021 |
| 8 | ,9829 | ,027 |
| 9 | ,9784 | ,035 |
| 10° | 0,9734 | 1,043 |
| 11 | ,9679 | ,053 |
| 12 | ,9618 | ,063 |
| 13 | ,9553 | ,074 |
| 14 | ,9483 | ,087 |
| 15° | 0,9408 | 1,110 |
| 16 | ,9329 | ,115 |
| 17 | ,9245 | ,131 |
| 18 | ,9157 | ,148 |
| 19 | ,9064 | ,167 |
| 20° | 0,8967 | 1,187 |
| 21 | ,8866 | ,208 |
| 22 | ,8761 | ,231 |
| 23 | ,8652 | ,256 |
| 24 | ,8539 | ,282 |
| 25° | 0,8423 | 1,310 |
| 26 | ,8303 | ,340 |
| 27 | ,8180 | ,372 |
| 28 | ,8054 | ,406 |
| 29 | ,7925 | ,443 |
| 30° | 0,7792 | 1,482 |
| 31 | ,7658 | ,523 |
| 32 | ,7520 | ,568 |
| 33 | ,7381 | ,616 |
| 34 | ,7239 | ,666 |
| 35° | 0,7095 | 1,721 |
| 36 | ,6949 | ,779 |
| 37 | ,6802 | ,841 |
| 38 | ,6653 | ,907 |
| 39 | ,6503 | ,979 |
| 40° | 0,6352 | 2,055 |
| 41 | ,6199 | ,137 |
| 42 | ,6046 | ,226 |
| 43 | ,5893 | ,320 |
| 44 | ,5739 | ,422 |
| 45° | 0,5585 | 2,532 |

**Tabelle 19** *Beiwert $y_\beta$*

| $\beta_0$ | $y_\beta = \cos^4 \beta_g / \cos \beta_0$ |
|---|---|
| 0° | 1,000 |
| 1 | 0,999 |
| 2 | ,998 |
| 3 | ,997 |
| 4 | ,994 |
| 5° | 0,990 |
| 6 | ,986 |
| 7 | ,981 |
| 8 | ,976 |
| 9 | ,969 |
| 10° | 0,962 |
| 11 | ,954 |
| 12 | ,946 |
| 13 | ,937 |
| 14 | ,927 |
| 15° | 0,916 |
| 16 | ,905 |
| 17 | ,894 |
| 18 | ,882 |
| 19 | ,869 |
| 20° | 0,856 |
| 21 | ,842 |
| 22 | ,828 |
| 23 | ,813 |
| 24 | ,798 |
| 25° | 0,783 |
| 26 | ,767 |
| 27 | ,751 |
| 28 | ,735 |
| 29 | ,718 |
| 30° | 0,701 |
| 31 | ,684 |
| 32 | ,667 |
| 33 | ,650 |
| 34 | ,632 |
| 35° | 0,615 |
| 36 | ,597 |
| 37 | ,579 |
| 38 | ,562 |
| 39 | ,544 |
| 40° | 0,527 |
| 41 | ,509 |
| 42 | ,492 |
| 43 | ,475 |
| 44 | ,458 |
| 45° | 0,441 |

**Tabelle 18** *Beiwert $y_C$*

| $\alpha_{b_n}$ | $y_C = 1/\sin \alpha_{b_n} \cos \alpha_{b_n}$ |
|---|---|
| 10° | 5,85 |
| 11 | 5,34 |
| 12 | 4,91 |
| 13 | 4,56 |
| 14 | 4,26 |
| 15° | 4,00 |
| 16 | 3,77 |
| 17 | 3,58 |
| 18 | 3,40 |
| 19 | 3,25 |
| 20° | 3,11 |
| 21 | 2,99 |
| 22 | 2,88 |
| 23 | 2,78 |
| 24 | 2,69 |
| 25° | 2,61 |
| 26 | 2,54 |
| 27 | 2,47 |
| 28 | 2,41 |
| 29 | 2,36 |
| 30° | 2,31 |
| 31 | 2,27 |
| 32 | 2,23 |
| 33 | 2,19 |
| 34 | 2,16 |
| 35° | 2,13 |

Abb. 40. Abgewickelte Schraubenlinien

Ganghöhe $H = \dfrac{2 r_0 \pi}{\operatorname{tg} \beta_0} = \dfrac{2 g \pi}{\operatorname{tg} \beta_g} = 2 r_0 \pi \operatorname{tg} \gamma_0$

ungleiche Belastung und ungleiche Gesamtlänge der Berührungslinien $B$ berücksichtigt und ihr Einfluß mit Beiwerten $y_\beta$ und $C_\beta \lessgtr 1$ aufgefangen werden.

Wälzfestigkeit: Man übernimmt den bei der Geradverzahnung für Wälzpunkt $C$ gültigen Beiwert $y_C$, schreibt ihn auf die Verzahnung im Normalschnitt um, erhält $y_C = \dfrac{1}{\sin \alpha_{b_n} \cdot \cos \alpha_{b_n}}$ (Tab. 18), fügt einen Beiwert $y_\beta = \dfrac{\cos^4 \beta_g}{\cos \beta_0}$ bei (Tab. 19), der nur von $\beta_g$ und $\beta_0$ abhängt und berücksichtigt durch einen weiteren Beiwert $y_\varepsilon$ (wie bei der Geradverzahnung beim treibenden Ritzel) die Verschiebung der maßgeblichen Zahnkraft, wobei wieder vom Überdeckungsgrad $\varepsilon_{01}$ der Verzahnung im Normalschnitt ausgegangen wird. Daher

*Wirksamer Beiwert* $y_{w_1} = y_C\, y_\beta/y_\varepsilon$ für Rad *1*. Beim Rad *2* tritt die größte Flankenpressung $k_2$ wieder im Zahnfußgebiet auf. Um die ungünstige Wirkung der negativen Gleitung zu berücksichtigen, wird $y_\varepsilon \approx 1$ geschätzt, daher für Rad *2*

$$y_{w_2} = y_C\, y_\beta.$$

*Sicherheit gegen Grübchenbildung:*

$$S_{G_1} = \frac{i}{i+1} \cdot \frac{k_{D_1}}{y_{w_1}\, B_w} : \qquad S_{G_2} = \frac{i}{i+1} \cdot \frac{k_{D_2}}{y_{w_2}\, B_w}$$

$$k_{D_{1,2}} = y_G\, y_H\, y_{\text{öl}}\, y_v\, k_{0_{1,2}}; \qquad k_0\text{-Werte aus Tab. 9.}$$

$$y_\varepsilon = 1 - \frac{2\pi}{z_{n1}\, \mathrm{tg}\,\alpha_{bn}} \left(1 - \varepsilon_{n_1} \frac{\varepsilon_w}{\varepsilon_n}\right) \leqq 1 \;(\text{Tab.8}); \;\; \varepsilon_{0_{1,2}}, \varepsilon_{n_{1\,2}} \text{ und } \varepsilon_n \text{ aus Diagramm Abb. 30};$$

$$\varepsilon_w = 1 + (\varepsilon_n - 1)\, \frac{m_n + v/4}{m_n + f/6} \leqq 2; \quad v = \text{Umfangsgeschwindigkeit [m/s]},$$

$$f = \text{größter der vorhandenen Zahnfehler.}$$

**Zahnfußfestigkeit.** *Lastverteilung längs der B-Linien, Beiwert $C_\beta$.* Abb. 41 zeigt den Größenunterschied der Zahnkräfte $u = U/b$ je mm Zahnbreite $b$, die längs der *B*-Linien auftreten und im Aufriß auf die Eingriffsstrecke $E_1\,E_2$ projiziert

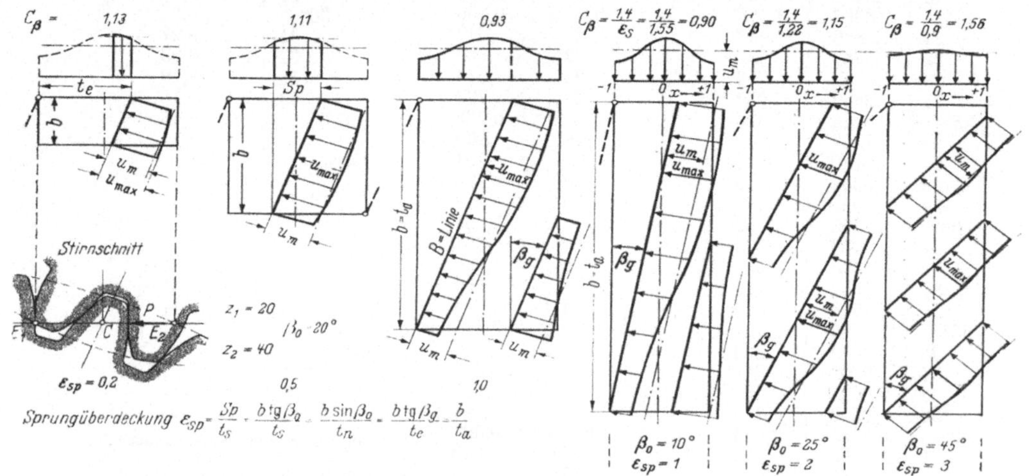


Abb. 41. Lastverteilung längs der *B*-Linien (nach NIEMANN). Links: in Abhängigkeit von der Sprungüberdeckung $\varepsilon_{sp}$; rechts: in Abhängigkeit vom Schrägungswinkel $\beta_0$

wurden. Ihr Höchstwert liegt ungefähr in der Mitte der Eingriffsstrecke bei $x = 0$, ihr Kleinstwert bei $x = \pm 1$ an den Endpunkten $E_1\,E_2$; der Mittelwert ist $u_m = U/b_N$, wobei $b_N = \Sigma(l \cdot \cos\beta_g)$ die kleinste Gesamtlänge $\Sigma l$ der gleichzeitig belasteten, auf die Zahnbreite $b$ projizierten *B*-Linien ist. Mit zunehmendem Schrägungswinkel $\beta_g$, also schräger auf den Zahnflanken liegenden *B*-Linien, verflacht sich die sinusförmige Kurve immer mehr und verläuft bei $\beta = 45$ praktisch gerade. Bei *ganzzahliger* Sprungüberdeckung $\varepsilon_{sp}$ ($= 1, = 2, = 3$) ist $b_N$ in jeder Zahnstellung konstant und $b_N = b\,\varepsilon_s$; $u_m = U/b\,\varepsilon_s$, wobei $\varepsilon_s = $ Stirnschnittüberdeckung ist. Bei *nicht* ganzzahliger Sprungüberdeckung $\varepsilon_{sp}$ hängt die Gesamtlänge der gleichzeitigen $B$-Linien von der Eingriffsstellung und Sprungüberdeckung ab. Die jeweils ungünstigste Stellung wurde zu $u_{max} = U \cos \beta_g \, C_\beta / b$ ermittelt. Der Beiwert $C_\beta$ wird nur durch $\varepsilon_s$ und $\varepsilon_{sp}$ beeinflußt und ist aus Abb. 26 ablesbar[1].

*Zahnfußbeanspruchung* $\sigma$. Wie bei der Geradverzahnung wird von der Vergleichspannung $\sigma$ ausgegangen. Mit Beiwert $C_\beta$ wird $\sigma = B z_1 q C_\beta = \dfrac{U}{b \, d_{0s_1}} z_1 q C_\beta$.

Führt man für $\dfrac{U}{b} C_\beta$ den für die jeweils ungünstigste Zahnstellung gefundenen Wert je mm Zahnbreite $u_{max} = \dfrac{U}{b} \cdot C_\beta \cos \beta_g$, also $\dfrac{U}{b} C_\beta = \dfrac{u_{max}}{\cos \beta_g}$ ein, dann wird Beiwert

$$q = \frac{\sigma \cos \beta_g}{u_{max}} \frac{d_{0s_1}}{z_1} = \frac{\sigma \cos \beta_g}{(P_n/b)_{max}} \cdot \frac{d_{0s_1}}{\cos \alpha_{0s} \, z_1}, \quad \text{weil} \quad u_{max} = \left(\frac{U}{b}\right)_{max} = \left(\frac{P_n}{b}\right)_{max} \cdot \cos \alpha_{0s}$$

ist. Die Stirnschnittwerte $\alpha_{0s}$, $d_{0s_1}$ und $z_1$ müssen durch die entsprechenden Normalschnittwerte ausgewechselt werden. Es ist

$$d_{0s1} = d_{0n_1} \cos^2 \beta_g, \quad z_1 = z_{n_1} \cos^2 \beta_g \cos \beta_0 \quad \text{und} \quad \cos \alpha_{0s} = \cos \alpha_{0n} \frac{\cos \beta_0}{\cos \beta_g},$$

somit

$$q = \frac{\sigma \cos^2 \beta_g}{(P_n/b)_{max} \cos \alpha_{0n} \cos \beta_0} \frac{d_{0n_1} \cos^2 \beta_g}{z_{n_1} \cos^2 \beta_g \cos \beta_0} = \frac{\sigma}{(P_n/b)_{max} \cos \alpha_{0n}} \frac{d_{0n_1}}{z_{n_1}} \cdot \frac{\cos^2 \beta_g}{\cos^2 \beta_0}$$

$$\approx \frac{\sigma \, d_{0n_1}}{(P_n/b)_{max} \cos \alpha_{0n} z_{n_1}}$$

Der entstehende kleine Fehler, wenn $\dfrac{\cos^2 \beta_g}{\cos^2 \beta_0} \approx 1$ gesetzt wird, macht sich erst bei großen Schrägungswinkeln bemerkbar, ist jedoch für die Festigkeitsrechnung ohne Einfluß. Wie bei der Geradverzahnung gilt

*Sicherheit gegen Zahnbruch:*

$$S_{B_1} = \frac{\sigma_{D_1}}{z_{n_1} q_{w_1} B_w}; \qquad S_{B_2} = \frac{\sigma_{D_2}}{z_{n_1} q_{w_2} B_w} \cdot$$

$\sigma_{D_{1,2}} = \sigma_0$ der Tab. 9 bei Beanspruchung auf Dauerfestigkeit,

$\sigma_{D_{1,2}} = \sigma_{0B}$ der Tab. 9 bei Prüfung gegen Stoßbelastung,

$q_{w_{1,2}} = q_{k_{1,2}} q_{\varepsilon_{1,2}}$; $q_{k_{1,2}}$-Werte aus Abb. 32, $q_{\varepsilon_{1,2}}$ und $\varepsilon_w$-Werte aus Tab. 8 mit den $\varepsilon$-Werten der Abb. 30 berechnen.

## 23. Kräfte auf Wellen und Lager (Abb. 42).

$$P_A = U \, \text{tg} \, \beta = P_n \cos \alpha_n \sin \beta$$
(Axialkraft auf Längslager),

$$P_R = P_n \sin \alpha_n = \frac{U \, \text{tg} \, \beta}{\cos \alpha_n \sin \beta} \cdot \sin \alpha_n$$

$$= \frac{U \, \text{tg} \, \alpha_n}{\cos \beta} = U \, \text{tg} \, \alpha_s,$$

$$U = P_n \cos \alpha_n \cos \beta.$$

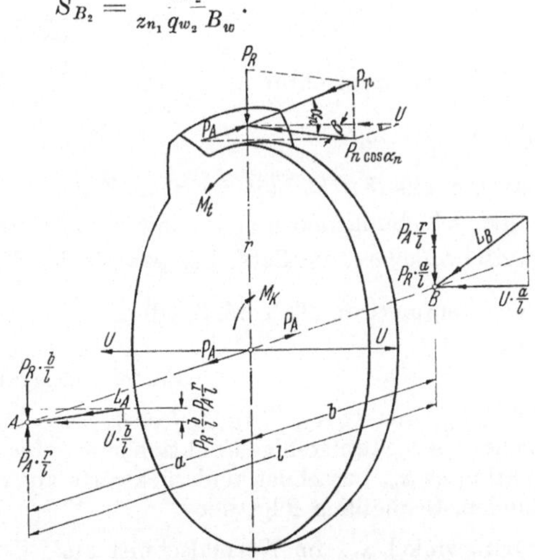


Abb. 42. Auflagerkräfte $L_A$, $L_B$ auf Querlager und Axialkraft $P_A$ auf Längslager des Schrägzahnstirnrades

---

[1] Ausführliche Behandlung mit Text und Bildern s. NIEMANN, Maschinenelemente Bd. II, S. 92 ff.

$$\text{Aus } L_A = \sqrt{\left(\frac{U\,b}{l}\right)^2 + \left(P_R\,\frac{b}{l} - P_A\,\frac{r}{l}\right)^2} \text{ wird:}$$

Kraft auf Querlager $A$      $L_A = U\,\sqrt{\left(\frac{b}{l}\right)^2 + \left(\frac{b}{l}\,\text{tg}\,\alpha_n - \frac{r}{l}\,\text{tg}\,\beta\right)^2}\,,$

Kraft auf Querlager $B$      $L_B = U\,\sqrt{\left(\frac{a}{l}\right)^2 + \left(\frac{a}{l}\,\text{tg}\,\alpha_n + \frac{r}{l}\,\text{tg}\,\beta\right)^2}\,,$

Drehmoment $M_t = U\,r$,

Kippmoment $M_k = P_A\,r = U\,r\,\text{tg}\,\beta$ belastet Lager $A$ und $B$.

## E. Schrägzahnstirnräder mit Profilverschiebung

Die Angaben[1] der Abschn. 20 u. 21 (einfache Schrägverzahnung) werden durch die Profilverschiebung erweitert. Auszugehen ist vom Werkzeug, d. h. vom Bezugsprofil der Schrägzahnplatte im Normalschnitt mit Eingriffswinkel $\alpha_{0n}$ ($= 20°$) nach DIN 867. Der Eingriffswinkel $\alpha_{0s}$ im Teilkreis des Stirnschnitts ergibt sich aus $\text{tg}\,\alpha_{0s} = \dfrac{\text{tg}\,\alpha_{0n}}{\cos\beta_0} = \dfrac{\text{tg}\,20°}{\cos\beta_0}$.

**24. Abmessungen.** Siehe auch Abschn. 18 (Profilverschiebung bei Geradverzahnung).

Teilkreisdurchmesser              $d_{0s_{1,2}} = z_{1,2}\,m_s = z_{1,2}\,\dfrac{m_n}{\cos\beta_0}$

Modul am Teilkreis               $m_s \;\;= \dfrac{m_n}{\cos\beta_0}$

Grundkreishalbmesser         $g_{1,2} \;= d_{0s_{1,2}} \cos\alpha_{0s}/2$

Ersatzzähnezahl                  $z_{n1} \;= \dfrac{z_1}{\cos^2\beta_g\,\cos\beta_0} = z_1\,(z_n/z)$  (s. Tab. 17)

$$z_{n2} \;= \dfrac{z_2}{\cos^2\beta_g\,\cos\beta_0} = z_2\,(z_n/z)$$

Profilverschiebungsfaktor      $x_1 \;\;= \dfrac{14 - z_{n1}}{17}\,;\;\; x_2 = \dfrac{14 - z_{n2}}{17}$  bei $(\alpha_{0n} = 20°)$

Profilüberdeckung            $\varepsilon_n \;\;= \varepsilon_{n_1} + \varepsilon_{n_2}$  (s. Diagramm Abb. 30)

**a) Unterschnitt** bei niedrigen Zähnezahlen soll vermieden werden. Profilverschiebungsfaktoren $x_1$ und $x_2$ bestimmen nach Abschn. 18. Eingriffswinkel $\alpha_{bs}$ am Betriebswälzkreis des Stirnschnitts aus

Evolventenfunktion (Tab. 32, S. 80)           $\text{ev}\,\alpha_{bs} = \text{ev}\,\alpha_{0s} + \dfrac{2\,(x_1 + x_2)\,\text{tg}\,20°}{z_1 + z_2}$

Berechnungsgang:

Winkel $\alpha_{0s}$ aus $\text{tg}\,\alpha_{0s} = \text{tg}\,20°/\cos\beta_0$ berechnen, aus der Evolventenfunktions-Tabelle 32 seine fünfstellige Funktion $\text{ev}\,\alpha_{0s}$ ablesen oder abschätzen. Mit ihr wird die Funktion $\text{ev}\,\alpha_{bs}$ berechnet und rückwärts aus der Tafel der zugehörige Winkel $\alpha_{bs}$ gefunden. Schließlich folgt der

Eingriffswinkel $\alpha_{bn}$ im Normalschnitt aus      $\sin\alpha_{bn} = \sin\alpha_{bs} \cdot \dfrac{\sin 20°}{\sin\alpha_{0s}}$.

---

[1] Zeiger für Größen im Normalschnitt $n$, im Stirnschnitt $s$, am Teilkreis $o$, am Betriebswälzkreis $b$, am Grundkreis $g$, für neuen Achsabstand $v$.

Teilkreisdurchmesser im Stirnschnitt $\qquad d_{0s_{1,2}} = z_{1,2}\, m_s = z_{1,2}\,\dfrac{m_n}{\cos\beta_0}$

Wälzkreisdurchmesser im Stirnschnitt $\qquad d_{b\,s_{1,2}} = d_{0s_{1,2}}\,\dfrac{\cos\alpha_{0s}}{\cos\alpha_{b s}}$

Ersatzdurchmesser am Teilkreis $\qquad d_{0n_{1,2}} = \dfrac{d_{0s_{1,2}}}{\cos^2\beta_g} = z_{n_{1,2}}\cdot m_n$

Ersatzdurchmesser am Wälzkreis $\qquad d_{b n_{1,2}} = \dfrac{d_{b s_{1,2}}}{\cos^2\beta_g}\quad$ (Tab. 17)

Teilkreismodul im Normalschnitt $\qquad m_n = m_s \cos\beta_0$

Achsabstand vor Profilverschiebung $\qquad a_0 = \dfrac{(z_1 + z_2)\,m_n}{2\cos\beta_0} = \dfrac{(z_1 + z_2)\,m_s}{2}$

Achsabstand nach Profilverschiebung $\qquad a_v = a_0\,\dfrac{\cos\alpha_{0s}}{\cos\alpha_{b s}} = \dfrac{d_{bs1} + d_{bs2}}{2}$

Ersatzzähnezahl $\qquad z_{n_{1,2}} = \dfrac{z_{1,2}}{\cos^2\beta_g\cdot\cos\beta_0} = z_1\,(z_n/z)\ $ (Tab. 17)

Mindestzähnezahl $\qquad z_1 = z_{n_1}\cos^2\beta_g\,\cos\beta_0$

$h_k =$ (Zahnkopfhöhe des Werkzeugs ab Wälzkreis)
$$\geqq \frac{2}{1{,}2\,\sin^2 20^\circ}\cdot\frac{h_k}{m_n}\cdot\cos^2\beta_g\,\cos\beta_0$$
$$= \frac{z_{1n}^{\min}}{(z_n/z)}$$

z. B. bei $\alpha_{0n} = 20^\circ$ und $\beta_0 = 45^\circ$ ist bei $x = +\,0{,}5$, $z_1^{\min} = 7{,}2 = z_1\,(z_n/z)$ (Tab. 4).
Mit Tab. 17 wird $z_1 = \dfrac{z_n}{z_n/z} = \dfrac{7{,}2}{2{,}532} = 2{,}88 = 3$.

**b) Ein Achsabstand** $a_v$ muß erreicht werden. Mit $a_0 = \left(\dfrac{z_1 + z_2}{2}\right) m_s$ und $\alpha_{0s}$ aus $\mathrm{tg}\,\alpha_{0s} = \dfrac{\mathrm{tg}\,20^\circ}{\cos\beta_0}$ folgt Eingriffswinkel $\alpha_{b s}$ am Betriebswälzkreis des Stirnschnitts aus $\cos\alpha_{b s} = \dfrac{a_0}{a_v}\cos\alpha_{0s}$ und schließlich die erforderliche Profilverschiebung aus $(x_1 + x_2) = \dfrac{(\mathrm{ev}\,\alpha_{b s} - \mathrm{ev}\,\alpha_{0s})\,(z_1 + z_2)}{2\,\mathrm{tg}\,20^\circ}$.

In beiden Fällen haben sich durch die Profilverschiebung alle mit Zeiger $b$ bezeichneten Winkel und Maße geändert, mit neuen Betriebswälzkreisen entstand ein neuer Achsabstand $a_v$.

**25. Nachweis der Tragfähigkeit.** Mit den gleichen Größen wie in Abschn. 22 werden berechnet:

*Sicherheit gegen Grübchenbildung:*

$$S_{G_1} = \frac{i}{i+1}\,\frac{k_{D1}}{y_{w_1}\,B_w}\,;\qquad S_{G_2} = \frac{i}{i+1}\,\frac{k_{D2}}{y_{w_2}\,B_w}$$

mit $k_{D_{1,2}} = y_G\,y_H\,y_{ö l}\,y_v\cdot k_{0_{1,2}}$ ($k_{0_{1,2}}$ nach Tab. 9)

$\qquad y_{w_1} = y_C\,y_\beta/y_\varepsilon;\quad y_{w_2} = y_C\,y_\beta;\quad y_C$ aus Tab. 18; $\ y_\beta$ aus Tab. 19.

Berechnung des Beiwertes $y_\varepsilon$ mit $\varepsilon_w$ und $\varepsilon_n$ aus Diagramm Abb. 30.

*Zahnbruchsicherheit:*

$$S_{B_1} = \frac{\sigma_{D1}}{z_1\,q_{w_1}\,B_w}\,;\qquad S_{B_2} = \frac{\sigma_{D2}}{z_1\,q_{w_2}\,B_w}$$

mit $\sigma_{D_{1,2}} = \sigma_{0_{1,2}}$ nach Tab. 13

$$q_{w_1} = q_{k_1}\cdot q_{\varepsilon_1},\quad q_{w_2} = q_{k_2}\,q_{\varepsilon_2},$$

$q_{k_{1,2}}$ aus Abb. 32; $q_{\varepsilon_{1,2}}$ nach Tab. 8 berechnen.

## F. Kegelräder mit geraden Zähnen

Kegelräder sind empfindlich, Fertigungs- und Montagefehler, elastische Verformung, besonders jedes Durchbiegen der Wellen verschieben die Achsen, die Kegelspitzen treffen sich nicht im theoretischen Schnittpunkt $M$. Die eintretenden Fehler (einseitiges Tragen, unruhiger Lauf, Geräusch, Schwingungen, Klemmen der Zahnflanken) lassen sich durch Verkleinern der Zahnbreite $b$ auf ein Zahnbreitenverhältnis $b/R_a \leqq 0{,}3$ wirksam herabsetzen.

**26. Abmessungen.** Nimmt man an, daß die resultierende Zahnnormalkraft $P_n$ am mittleren Kegelradwälzpunkt $C_m$ mit Halbmesser $r_m = \dfrac{d_m}{2}$ angreift, und denkt man sich ein Ersatzstirnrad (Zeiger $e$), dessen Verzahnung mit der Kegelradverzahnung im Schnitt $C_m O_m$ (Abb. 43) senkrecht zur Teilkegelmantellinie $CM = R_a$ übereinstimmt, gleiche Zahnbreite $b$, aber auf der ganzen Breite $b$ gleichbleibende Zahnabmessungen besitzt, dann lassen sich die Kegelradzähne wie Stirnradzähne berechnen (s. WB. 47, Abschn. 40ff.).

Umfangsgeschwindigkeit

$$v\;[\text{m/s}] = \frac{d_{m1}\,n_1}{19\,100} \quad \text{im Punkte } C_m$$

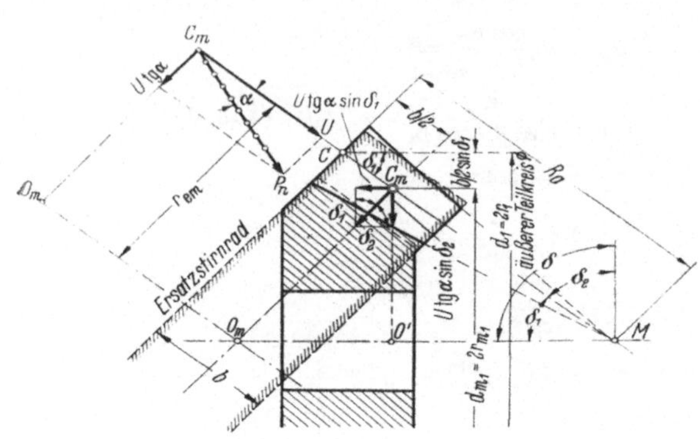

Abb. 43. Kräfte am Kegelrad

| | bei $\delta \lessgtr 90°$ | bei $\delta = 90°$ |
|---|---|---|
| Achswinkel | $\delta = \delta_1 + \delta_2$ | |
| Abmessungen | | |
| Übersetzungsverhältnis | $i = \dfrac{n_1}{n_2} = \dfrac{d_2}{d_1} = \dfrac{z_2}{z_1} = \dfrac{\sin \delta_2}{\sin \delta_1}$ | $= \dfrac{n_1}{n_2} = \dfrac{d_2}{d_1} = \dfrac{z_2}{z_1} =$ $= \operatorname{tg} \delta_2$ |
| Mittlerer Durchmesser | $d_{m_1} = d_1 - b \sin \delta_1$ | $= d_1 - b/\sqrt{i^2 + 1}$ |
| | $d_{m_2} = d_2 - b \sin \delta_2 = i\,d_{m_1}$ | $= i\,d_{m_1}$ |
| Ersatzstirnrad-Durchm. | $d_{e m_1} = d_{m_1}/\cos \delta_1$ | $= d_{m_1}\sqrt{\dfrac{i^2 + 1}{i^2}}$ |
| | $d_{e m_2} = d_{m_2}/\cos \delta_2 = i\,d_{m_1}/\cos \delta_2$ | $= i^2 \cdot d_{e m_1}$ |
| Ersatzstirnrad-Zähnezahl | $z_{e_1} = z_1/\cos \delta_1$ | $= z_1 \sqrt{\dfrac{i^2 + 1}{i^2}}$ |
| | $z_{e_2} = z_2/\cos \delta_2 = i\,z_1/\cos \delta_2$ | $= i^2 \cdot z_{e_1}$ |
| | $i_e = z_{e_2}/z_{e_1}$ | $= i^2$ |
| Ersatzstirnrad-Modul | $m_e = m_m = d_{m_1}/z_1 = d_{e m_1}/z_{e_1}$ | |
| Mindestzähnezahl | $z_1 \geqq z_{e_1 \min} \cos \delta_1;\; z_{e_1 \min} = z_n$ (Tab. 4) | |
| Mindestmodul | $m_e \geqq 2\,m_{\min} \approx 2\,b/15$ | |

(mit Rücksicht auf schlechtes Tragen besonders bei fliegend gelagertem Ritzel).

**27. Berechnungsgang. Nachweis der Tragfähigkeit.** Tab. 20 gibt Anhaltswerte über die Grenzen der Zähnezahlen bei gegebener Übersetzung $i$, über das Zahnbreitenverhältnis $b/2\,R_a$ bzw. $b/d_1$, die durch Beiwerte $f_b$ und $f_d$ erfaßt werden. Das schlechtere Tragen der Kegelräder gegenüber den Stirnrädern kann durch einen Zuschlag $g_R \cdot u \cdot C_s$ (Tab. 6) zum Richtungsfehler im Tragfehlerbeiwert (Abb. 25) berücksichtigt werden. Mit dem Nennlastwert $B_e$ der Ersatzstirnräder und dem wirksamen Lastwert $B_w$ werden wie bei den Stirnrädern die Wälz- und Bruchsicherheiten der Zähne berechnet.

$$\textit{Nennlastwert}: \quad B_e = \frac{U}{b\,d_{e\,m_1}} = \frac{U}{f_b\,\dfrac{d_1}{\sin\delta_1}\,\dfrac{d_{m_1}}{\cos\delta_1}} = \frac{U}{\left(\dfrac{f_b}{1-f_b}\right)\dfrac{d_{m_1}^2}{\sin\delta_1\cos\delta_1}}$$

$$= \frac{U}{d_{m_1}}\,f_d = \frac{1{,}43 \cdot 10^6\,N_1}{d_{m_1}^{\,i}\,n_1}\,f_d. \ [\text{kp/mm}^2]$$

$\Bigg($Wegen $\ \dfrac{b}{2\,R_a} = \dfrac{b\sin\delta_1}{d_1} = f_b\ $ wurde $\ b = f_b\,\dfrac{d_1}{\sin\delta_1}\ $ und $\ d_{e\,m_1} = \dfrac{d_{m_1}}{\cos\delta_1}\ $ gesetzt. Weil

$d_{m_1} = d_1 - b\sin\delta_1 = d_1 - d_1\,f_b = d_1(1-f_b)$, konnte $\ d_1 = \dfrac{d_{m_1}}{(1-f_b)}\ $ und schließlich

ein weiterer Beiwert $\ f_d = \dfrac{1-f_b}{f_b}\sin\delta_1\cos\delta_1\ $ eingeführt werden.$\Bigg)$

$$\text{Bei}\ \ \delta \gtreqqless 90°, \qquad\qquad\qquad\qquad \delta = 90°$$

$$f_d = \frac{1-f_b}{f_b}\sin\delta_1\cos\delta_1 \qquad f_d = \frac{1-f_b}{f_b}\cdot\frac{i}{i^2+1} \ \ \text{weil}\ \ \sin\delta_1 = \frac{1}{\sqrt{i^2+1}}\,.$$

$$\cos\delta_1 = \frac{\sqrt{i^2}}{\sqrt{i^2+1}}\,.$$

Tabelle 20. *Anhaltswerte für Kegelräder*

$$f_b = \frac{b}{2\,R_a} = \frac{b}{d_{b_1}}\sin\delta_1; \quad f_d = \frac{1-f_b}{f_b}\sin\delta_1\cos\delta_1; \quad d_b = \text{Wälzkreis}\ \varnothing$$

| $i =$ | 1 | 2 | 3 | 4 | 5 | 6,5 |
|---|---|---|---|---|---|---|
| $z_1 =$ | 18···40 | 15···30 | 12···23 | 10···18 | 8···14 | 6···10 |
| $b/d_{b_1} =$ | 0,212 | 0,336 | 0,474 | 0,615 | 0,75 | 0,75 |
| $f_b =$ | 0,15 | 0,15 | 0,15 | 0,15 | 0,147 | 0,114 |
| $f_d =$ | 2,83 | 2,27 | 1,70 | 1,34 | 1,12 | 1,17 |

$z_1 \gtreqqless z_{el\,\min}\cos\delta_1\cos^3\beta_m$; $z_{el\,\min}$ siehe $z_n$ in Tab. 4; $\ b \leqq 10\,d_{m_1}\cos\beta_m/z_1$; $\ b/R_a \leqq 0{,}3$; $\ b/d_{b_1} \leqq 0{,}75$.
Bei Nullverzahnung ($\alpha_{o_n} = 20°$) ist Kopfhöhe $h_{K_1} = h_{K_2} = m_n$; Fußhöhe $h_{f_1} = h_{f_2} = (1,1\cdots1{,}3)\,m_n$.
$z_1$ liegt bei geradverzahnten ungehärteten Rädern mehr an der oberen, bei bogenverzahnten gehärteten mehr an der unteren Grenze.

Für Überschlagsrechnungen ist Kegelritzeldurchmesser

$$d_{m_1} \geqq 113 \sqrt[3]{\frac{N_1\,f_d}{n_1\,B_{zul}}}\ \ [\text{mm}].$$

Anhaltswerte für $B_{zul}$ s. Abschn. 12, für $f_b$ und $f_d$ s. Tab. 20.

*Wirksamer Lastwert*[1]. $B_w = B_e \cdot C_S \cdot C_D \cdot C_T$. Mit dem Lastwert $B_w$ der Ersatzstirnräder werden wie bei den Stirnrädern die Sicherheiten der Kegelräderverzahnung bestimmt. Es gelten die gleichen Beiwerte und Gleichungen für

*Sicherheit gegen Grübchenbildung*: $\ S_{G_{1,2}} = \dfrac{i_e}{i_e+1}\cdot\dfrac{k_{D_{1,2}}}{y_{w_{1,2}}\,B_w}$,

*Sicherheit gegen Zahnbruch*: $\quad S_{B_{1,2}} = \dfrac{\sigma_{B_{1,2}}}{z_{el}\,q_{w_{1,2}}\,B_w}$, s. Rechenbeispiel 3.

---

[1] Zeiger $e =$ Nennlastwert, $S =$ Stoß-, $D =$ Dynamischer-, $T =$ Tragfehler-Beiwert.

**28. Kräfte auf Wellen und Lager.** Infolge der unter dem Eingriffswinkel $\alpha$ geneigten Zahnnormalkraft $P_n$ (Abb. 43) entsteht neben der Umfangskraft $U$ noch die Komponente $P_n \sin \alpha = U \operatorname{tg} \alpha$. Zerlegt man diese im Punkte $C_m$ in Richtung der Wellen wieder in 2 Teilkräfte, dann entsteht

$$P_{A_1} = U \operatorname{tg} \alpha \sin \delta_1 = Axialkraft \text{ auf } Ritzel\text{welle} = Radialkraft \text{ auf } Rad,$$

$$P_{A_2} = U \operatorname{tg} \alpha \sin \delta_2 = Axialkraft \text{ auf } Rad\text{welle} = Radialkraft \text{ auf } Ritzel.$$

Diese Kräfte suchen die Räder außer Eingriff zu bringen, d. h. von der Kegelspitze $M$ wegzuschieben. Auf Lager und Wellen wirken noch das Drehmoment $M_{t_{1,2}} = U\, r_{m_{1,2}}$ und die Kippmomente $M_{k_1} = P_{A_1} r_{m_1}$, $M_{k_2} = P_{A_2} r_{m_2}$.

## G. Kegelräder mit schrägen Zähnen

**29. Grundlagen und Abmessungen.** Das dem mittleren Teilkreisdurchmesser $d_m = 2\, r_m$ entsprechende Ersatzstirnrad (Zeiger $e$) (Abb. 44) besitzt schräge (oder gekrümmte) Zähne, die unter Schrägungswinkel $\beta \equiv \beta_0 \equiv \beta_{0\,m}$ zur Achse geneigt

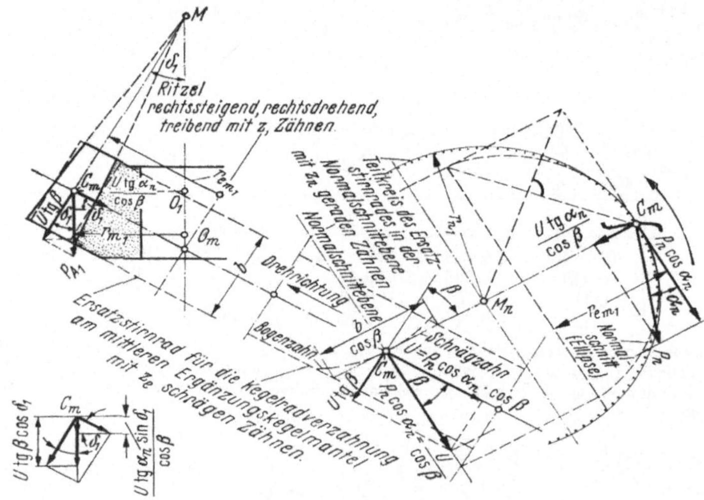

Abb. 44. Kräfteplan bei Schrägzahnkegelrädern

sind und für welche das bei den Schrägzahnstirnrädern (Abschn. 20···22) Gesagte gilt. Der senkrecht zum Bezugsprofil der Verzahnung des Ersatzstirnrades (Zeiger $e$) geführte Normalschnitt gibt ein elliptisches Rad, das durch ein zweites Ersatzstirnrad (Zeiger $n$) mit gleicher Krümmung im Punkte $C_m$ aber geraden Zähnen ersetzt wird. Dadurch wird diese Kegelradverzahnung wieder auf die Stirnradverzahnung zurückgeführt, wenn man die Abmessungen dieses geradverzahnten Ersatzstirnrades nach den früheren Angaben (Abschn. B) berechnet. Die Gleichungen des Ersatzstirnrades (Zeiger $e$) im Abschn. 26 sind noch für das Ersatzstirnrad (Zeiger $n$) zu erweitern.

Wie bei der Stirnradschrägverzahnung gilt $\sin \beta_g = \sin \beta_0 \cdot \cos \alpha_{0\,n}$. (Abschn. 21).
Zähnezahlen des Ersatzstirnrades (Zeiger $n$) sind

<table>
<tr><td align="center">bei $\delta \lessgtr 90°$</td><td align="center">bei $\delta = 90°$</td></tr>
</table>

$$z_{n_1} = z_{e_1}/\cos^2 \beta_g \cos \beta_0 = z_{e_1}(z_n/z) \qquad = z_1 \sqrt{\left|\frac{i^2+1}{i^2}\right|}\; \cos^2 \beta_g \cos \beta_0$$

$$z_{n_2} = z_{e_2}/\cos^2 \beta_g \cos \beta_0 = z_{e_2}(z_n/z) \qquad = z_{n_1}\, i^2.$$

$$i_e = \frac{z_{e_2}}{z_{e_1}} = \frac{z_{n_2}}{z_{n_1}} = \frac{d_{e_2}}{d_{e_1}} \qquad\qquad = i^2.$$

$(z_n/z)$ der Tab. 17 für $\beta_0$ entnehmen

$m_m$ = Modul am mittleren Teilkreis des Kegelrades,

$m_{e\,m}$ = Modul am mittleren Teilkreis des Ersatzstirnrades $(e)$,

$m_m = m_{e\,m} = d_{m_1}/z_1 = d_{e\,m_1}/z_{e_1}$,

$m_n$ = Modul im Normalschnitt des Ersatzstirnrades $(e)$,

　　　 = Modul am Teilkreis des Ersatzstirnrades $(n)$,

$$m_n = m_{e\,m} \cdot \cos \beta = \frac{d_{m_1}}{z_1} \cos \beta = \frac{d_{e\,m_1}}{z_{e_1}} \cos \beta \geqq 2\, m_{\min} \approx 2\,\frac{b}{15},$$

$z_1 \geqq z_{e_1\min} \cos \delta_1 \cos^3 \beta_m$　$(z_{e_1\min}$ s. $z_n$ in Tab. 4).

**30. Berechnungsgang. Nachweis der Tragfähigkeit.** Mit Nennlastwert $B_e$ und wirksamem Lastwert $B_w$ wird wie bei den Kegelrädern mit geraden Zähnen (Abschn. 27) die Sicherheit gegen Grübchenbildung und Zahnbruch errechnet, das schlechtere Tragen der Kegelräder gegenüber den Stirnrädern wie im Abschn. 27 durch Zuschlag zum Richtungsfehler $f_{Rw}$ berücksichtigt (Tab. 6).

**31. Kräfte auf Wellen und Lager.** Bei schrägen Zähnen wird die Größe und Richtung der Kräfte außer vom Teilkegel- und Eingriffswinkel auch noch vom Schrägungswinkel $\beta$ beeinflußt (Abb. 44).

*Axialkraft*

$$P_{A_{1,2}} = U\left(\operatorname{tg} \alpha_{0\,n} \frac{\sin \delta_{1,2}}{\cos \beta} \pm \operatorname{tg} \beta \cos \delta_{1,2}\right).$$

Bei gleichem Drehsinn und Steigungssinn gilt $+$ für treibendes Ritzel *1* und $-$ für getriebenes Rad *2*.

*Radialkraft*

$$P_{R_{1,2}} = U\left(\operatorname{tg} \alpha_{0n} \frac{\cos \delta_{1,2}}{\cos \beta_m} \mp \operatorname{tg} \beta \sin \delta_{1,2}\right).$$

Bei gleichem Drehsinn und Steigungssinn gilt $-$ für treibendes Ritzel *1* und $+$ für getriebenes Rad *2*.

Bei ungleichem Dreh- und Steigungssinn sind die Vorzeichen entgegengesetzt wie angegeben. Positive Radialkraft schiebt Rad zur Wellenmitte, positive Axialkraft zieht Rad von der Kegelspitze weg.

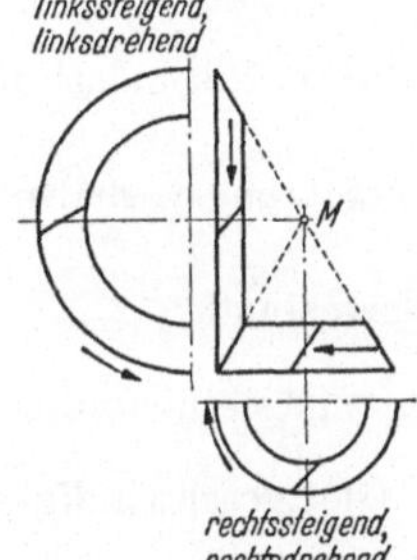


Abb. 45. Drehsinn und Steigungssinn wird durch Blickrichtung von Kegelspitze $M$ auf Zähne festgelegt

Außerdem treten Kippmomente $M_k$ auf Lager und Wellen auf:

$$M_{k_{1,2}} = P_{A_{1,2}}\, d_{m_{1,2}}/2.$$

## H. Kegelräder mit gekrümmten Zähnen

Gekrümmte Zähne sind gegen Biegung widerstandsfähiger als schräge Zähne. Die Flanken liegen nicht auf der ganzen sondern meist nur auf $^1/_2$ bis $^3/_5$ der Breite $b$ an. Das „ballige" Tragbild kann sich je nach Belastung aus der mittleren Lage verschieben oder von vornherein günstig nach Wunsch eingestellt werden. Die Zähne sind dadurch unempfindlicher gegen die unvermeidlichen Verformungen von Rad, Welle und Lager, die bei stoßartigen Belastungen besonders bei fliegend gelagertem Ritzel entstehen. Durch die kleinere wirksame Zahnbreite $b'$ erhöht sich allerdings die Wälzpressung, was aber durch größere Schrägungswinkel und größere Überdeckung wieder ausgeglichen werden kann.

Anwendungsgebiet: Fast ausschließlich beim Antrieb von Kraftfahrzeugen, Triebwagen, Übersetzungsgetrieben usw., da hier vor allem große Sicherheit und möglichst lautlose Übertragung gefordert wird. (Näheres über Bauarten und Herstellungsverfahren s. WB. 47, Abschn. 43···46.)

Die bereits bei der Schrägverzahnung auftretenden rechnerischen Schwierigkeiten in der Abschätzung der Lastverteilung auf die Zahnflanken erhöhen sich noch mehr bei den Kegelrädern mit gekrümmten Zähnen durch den wechselnden Einfluß des wandernden Tragbildes, durch die verschiedenen, vom Herstellungsverfahren abhängigen Bauformen (ungleiche Krümmungen der Flanken, verjüngte oder gleichhohe Zähne usw.) Die Rechnungen ergeben durch die nötigen Annahmen höchstens einen Näherungswert, so daß hier die Erfahrung der Hersteller vorzuziehen ist.

## J. Zylindrische Schraubräder

**32. Eigenschaften und Abmessungen.** (s. WB 47, Abschn. 47···49). Die Achsen der beiden schrägverzahnten Stirnräder kreuzen sich unter Winkel $\delta$. Die Zahnflanken berühren sich nur in Punkten, die auf einer schräg über die Flanke laufenden Kurve liegen, die bald durch das Schraubgleiten als schmaler Streifen sichtbar wird. Mit zunehmender Gleitgeschwindigkeit $v_g$ tritt die Beanspruchung der Zähne durch Biegung gegenüber der durch Verschleiß bald in den Hintergrund. Schraubrädertriebe sind nur für kleinere Leistungen (z. B. Schaltübersetzungen) zweckmäßig und wegen des größeren Verschleißes den Schneckentrieben unterlegen.

Schrägungswinkel aus    $\cos \beta_1 = t_n/t_{s_1}; \quad \cos \beta_2 = t_n/t_{s_2}.$

Kreuzungswinkel      $\delta = \beta_1 + \beta_2.$

Teilkreisdurchmesser    $d_1 = t_{s_1} z_1/\pi = m_{s_1} z_1 = m_n z_1/\cos \beta_1.$

$$d_2 = t_{s_2} z_2/\pi = m_{s_2} z_2 = m_n z_2/\cos \beta_2 = 2\,a - d_1.$$

Modul im Normalschnitt   $m_n = \dfrac{d_1}{z_1} \cos \beta_1 = \dfrac{d_2}{z_2} \cos \beta_2.$

Übersetzungsverhältnis   $i = \dfrac{n_1}{n_2} = \dfrac{z_2}{z_1} = \dfrac{d_2 \cos \beta_2}{d_1 \cos \beta_1}.$

Achsabstand       $a = \dfrac{d_1 + d_2}{2} = \dfrac{m_n}{2}\left(\dfrac{z_1}{\cos \beta_1} + \dfrac{z_2}{\cos \beta_2}\right).$

Umfangsgeschwindigkeit   $v_1 = d_1 n_1/19100; \quad v_2 = d_2 n_2/19100.$

Gleitgeschwindigkeit:    $v_g = v_{t_1} + v_{t_2} = v_1 \sin \beta_1 + v_2 \sin \beta_2 = v_1 \dfrac{\sin \delta}{\cos \beta_2} = v_2 \dfrac{\sin \delta}{\cos \beta_1}.$

**33. Berechnungsgang. Nachweis der Tragfähigkeit.** Um Zahnbruchschäden zu vermeiden, genügt hier eine Überschlagrechnung mit Belastungszahl $c$ (s. Abschn. 17 und Tab. 15). Aus Umfangskraft $U = \dfrac{1{,}43 \cdot 10^6\, N_1}{d_1 n_1} \leqq b'\, t_n\, c$ folgt die übertragbare Leistung $N_1 = \dfrac{d_1 n_1 b'\, t_n\, c}{1{,}43 \cdot 10^6}$ ($b' =$ wirksame Radbreite s. Abb. 46). Die Hauptschäden entstehen zumeist an den Zahnflanken einerseits durch zu große Reibungshitze, andererseits durch Verschleiß der schmalen Tragflächen. Zu berechnen sind daher (nach HOFER, Abschn. 16 b) sowohl die übertragbare Leistung ohne Überhitzungsschäden

$$N_{T_1} = N_1' \frac{i+1}{7\,z_2} \frac{h_k}{m} = N_1' \cdot x$$

wie die übertragbare Leistung
bei erlaubtem Verschleiß

$$N_{v_1} = N_1' \frac{\mu(\operatorname{tg}\beta_1 + \operatorname{tg}\beta_2)}{1 + \mu\operatorname{tg}\beta_1} = N_1' \cdot y.$$

Mit $\mu = 0{,}1$ und $\delta = \beta_1 + \beta_2 = 90°$
ergibt sich bei

Winkel $\beta_1 = 30°\quad 45°\quad 60°$ ein

Verhältnis $\dfrac{N_{v_1}}{N_1'} \approx 0{,}22\ 0{,}18\ 0{,}197.$

Tabelle 21. *Belastungszahl c und Beiwert $q_T$
für zylindrische Schraubräder*

| $v_g$ m/s | Werkstoff-Paarung | $c$ kp/mm² | $q_T$ |
|---|---|---|---|
| ··· 5 | Grauguß-Grauguß<br>Grauguß-Stahl | $\dfrac{0{,}6}{2 + v_g}$ | 7 |
| ···10 | Stahl-Bronze | $\dfrac{1}{2 + v_g}$ | 4 |
| über 10 | Gehärteter Stahl<br>Gehärteter Stahl | $\dfrac{2}{2 + v_g}$ | 2 |

Man wählt daher meist $\beta_1 = \beta_2 = 45°$. Aus der erweiterten HOFERschen Gleichung (Abschn. 16b) $d_1\,b' \geqq 10^3\,(N_{T_1} + N_{v_1})\,q_T\,S_T$ kann mit Beiwert $q_T$ der Tab. 21 und vorläufig mit Sicherheit $S_T = 1$ die gesamte übertragbare Leistung

$$N_1' \leqq \frac{d_1\,b'}{1000(x + y)\,q_T\,S_T}$$

berechnet werden (s. 4. Rechenbeispiel). Der kleinere Wert $N_1$ bzw. $N_1'$ ist die verfügbare Leistung.

*Radbreite $b$; wirksame Radbreite $b' =$ Zahnbreite.*
Die jeweiligen Berührungspunkte der Zahnflanken wandern im Normalschnitt der gemeinsamen Bezugszahnstange auf der Eingriffsstrecke $E_{n1}\,E_{n2}$ (Abb. 46). Durch die Länge dieser Strecke, die durch die Kopfkreise der schrägen Zylinderschnitte je nach Zähnezahl $z_n$ verschieden gekürzt ist, ist auch die Grenze der wirksamen Breite $b'$ der Räder gegeben. Im Grenzfall kann also bei der Schrägzahnplatte, d. h. bei sehr großer Zähnezahl $z_n$ die Projektion der Eingriffsstrecke $E_\infty E_\infty$ den Höchstwert $AB = 2\,m_n/\operatorname{tg}\alpha_n$ erreichen.

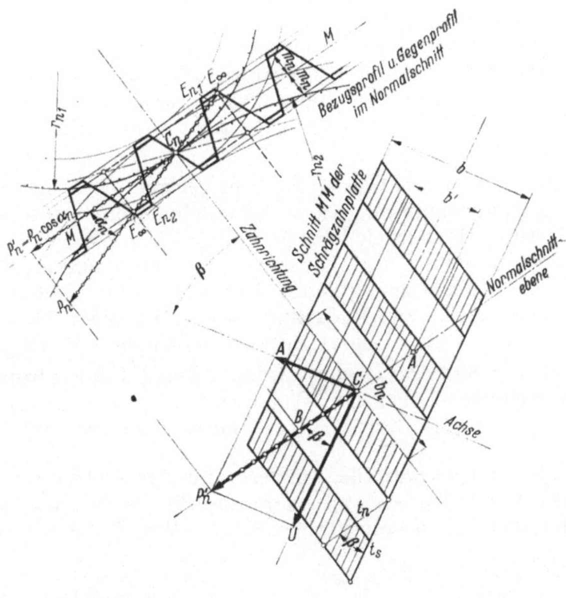

Abb. 46. Wirkliche Radbreite $b$ und wirksame Radbreite $b'$ des Schraubrades.

Also *wirksame Radbreite* $b' \leqq \dfrac{2\,m_n}{\operatorname{tg}\alpha_n} \sin\beta.$

Bei $\qquad\qquad\alpha_n = 20°$ wird $\qquad b' = 5{,}5\,m_n \sin\beta,$

$\qquad\qquad\quad\ \alpha_n = 15°$ wird $\qquad b' = 7{,}5\,m_n \sin\beta.$

Eine Verkleinerung des Eingriffswinkels $\alpha_n$ erhöht also die wirksame Radbreite $b$ und gibt wegen $\operatorname{tg}\varrho' = \mu/\cos\alpha_n$ auch eine günstigere Reibungsziffer. Daher wählt man hier besser $\alpha_n = 15°$ statt $\alpha_n = 20°$. Diese wirksame Radbreite $b'$, die in Wirklichkeit wegen der Radkrümmung noch kleiner ist, ist maßgebend für die Eingriffsverhältnisse und Abnutzung und muß zur Berechnung der Zahnabmessungen herangezogen werden. Die wirkliche Radbreite $b$ wird meist größer ausgeführt, um das Rad seitensteifer zu machen.

## K. Schnecken und Schneckenräder

**34. Eigenschaften.** Die schraubenförmigen Flanken der Schnecken und Räder berühren sich in *Linien* $\lambda$ (s. WB. 47, Abschn. 53d), sie können daher größere Leistungen als die zylindrischen Schraubräder übertragen. Schneckentriebe ermöglichen große Übersetzungen und zeichnen sich durch unübertroffene Laufruhe aus. Wegen des großen Anteils an gleitender Reibung liegt der Wirkungsgrad niedriger wie bei Stirnrädern. Er steigt mit zunehmendem Steigungswinkel. Mehrgängige Schnecken mit großer Steigung und kleinem Durchmesser haben daher besseren Wirkungsgrad (s. Abb. 20 u. 21). Günstig sind glatte, geschliffene oder polierte Gewindeflanken, starke nicht ausweichende Schneckenwellen. Die entstehende Reibungswärme ist bei stark belasteten Schneckentrieben durch Kühlrippen am Gehäuse, Gebläseflügel auf der Schneckenwelle oder durch Ölkühlung abzuführen. Flankenwinkel des Schneckengewindeprofils im Achsenschnitt $2\alpha = 30°$, bei größeren Steigungswinkeln meist $2\alpha = 40°$.

Die Radzähne können nur mit Fräswerkzeugen geschnitten werden. Jede Änderung der hinterdrehten Fräser durch Nachschleifen beeinflußt die Radverzahnung, damit die Schneckenabmessungen, umgekehrt verlangt jede angenommene Schnecke gleich bemessene und gerichtete Schneiden, die nur Unterschiede in den Zahnhöhen haben.

*Schmierung und Ölwahl.* Bei sehr geringer Umfangsgeschwindigkeit $v_1 \leqq 0,9$ m/s genügt Fettschmierung, sonst ist Ölschmierung erforderlich, und zwar bei höherer Belastung Hochdrucköl (z. B. Voltöl $V$), bei Höchstbelastung Hypoidöl. Die Ölzähigkeit muß um so größer sein, je geringer $v_1$ und je größer die Wälzpressung $k$ ist. Bis $v_1 = 10$ m/s genügt noch Tauchschmierung, wobei die Schneckenzähne oder Spritzscheiben bzw. Radzähne noch eintauchen. Ab $v_1 \geqq 5$ m/s ist jedoch Strahlschmierung vorzuziehen. Die nötige Zähigkeit in Engler (E) bei Betriebstemperatur von 80 °C im Ölsumpf ist mit $E \approx \sqrt{100/v_1}$ abzuschätzen. Dieser Wert darf bei geringer oder hoher Wälzpressung $k$, also bei geringem oder hohem Wert $k/k_{\mathrm{grenz}}$ um eine Stufe niedriger oder höher gewählt werden.

**35. Schneckenprofile.** Am verbreitetsten sind zylindrische Schnecken (s. WB. 47, Abschn. 51), zumeist mit Trapezprofil im Normal- bzw. Achsenschnitt, dann Schnecken mit Evolventenprofil im Stirnschnitt und neuerdings Schnecken mit hohlem, kreisförmig gekrümmtem Flankenprofil (s. Abb. 47). Die Abmessungen der Schnecke wählt man für Einzelkonstruktionen zweckmäßig und wirtschaftlich genau nach einem vorhandenen Schneckenradfräser. Aus vorhandenen Fräserlisten der Hersteller wird das

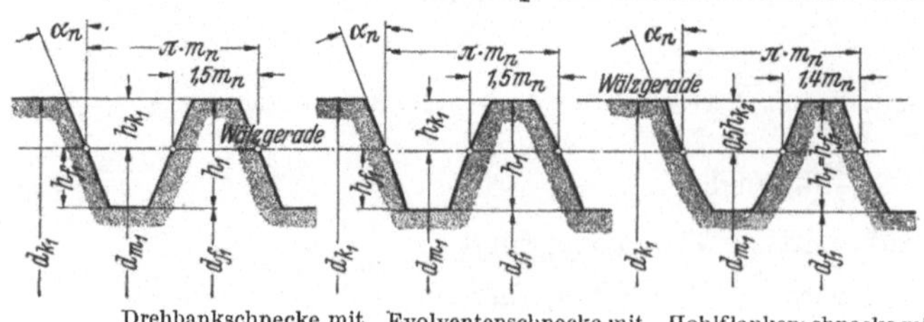


Drehbankschnecke mit Trapezprofil im Achsen- oder Normalschnitt   Evolventenschnecke mit Evolventenprofil im Stirnschnitt   Hohlflankenschnecke mit Kreisbogenprofil

Abb. 47. Normalschnitt-Bezugsprofile von Schnecken

passende Werkzeug ausgesucht. Im folgenden gilt Zeiger *1* für Schnecke, *2* für Rad, Zeiger *m* für Maße, die sich auf die Mitte der gemeinsamen Zahnhöhe $h$ beziehen.

**Abmessungen**

| | |
|---|---|
| Kreuzungswinkel | $\delta$; meist $90°$ |
| Schrägungswinkel | $\beta_1 = 90° - \beta_2 = 90° - \gamma_m$ |
| Steigungswinkel | $\gamma_m = \beta_2 = 90° - \beta_1$ |
| Eingriffswinkel im Schnecken-Achsschnitt | $\alpha$ |
| „ „ „ -Normalschnitt | $\alpha_n$ } aus $\mathrm{tg}\,\alpha_n = \mathrm{tg}\,\alpha \cos\gamma_m$; $\alpha_n$ meist $20°$ |
| Modul „ „ -Achsschnitt | $m$ |
| „ „ „ -Normalschnitt | $m_n = m \cos\gamma_m$ |
| Ganghöhe | $H = \pi\, d_{m_1} \mathrm{tg}\,\gamma_m$ |
| Achsabstand | $a = (d_{m_1} + d_{m_2})/2$ |
| Durchmesser | $d_{m_1} = 2a - d_{m_2}$ |
| Gemeinsame Zahnhöhe | $h = h_{k_1} + h_{f_1} = h_{k_2} + h_{f_2}$ |
| Übersetzungsverhältnis | $i = \dfrac{n_1}{n_2} = \dfrac{z_2}{z_1} = \dfrac{d_{m_2}}{m \cdot z_1}$ |
| Mittlere Umfangsgeschwindigkeit | $v_1 = d_{m_1} n_1/19\,100$; $v_2 = d_{m_2} n_2/19\,100$ |
| Mittlere Gleitgeschwindigkeit | $v_g = v_1/\cos\gamma_m$ |
| Umfangskraft | $U_1 = \dfrac{1{,}43 \cdot 10^6 N_1}{n_1\, d_{m_1}}$; $\quad U_2 = \dfrac{1{,}43 \cdot 10^6 N_1}{n_2\, d_{m_2}}\,\eta_{g1}$ |
| Übertragbare Leistung (Schnecke treibt) | $N_2 = N_1\,\eta_{g1}$ |

**Anhaltswerte**

| | |
|---|---|
| Durchmesser | $d_{m_1} = (0{,}6 \cdots 0{,}25)\,a \approx 0{,}5a$ im Mittel[1] |
| Modul | $m = (0{,}167 \cdots 0{,}067)\,d_{m_1} \approx 0{,}1\,d_{m_1}$ im Mittel |
| Ganze Zahnhöhe | $h = 2{,}2\,m \cdots 2{,}2\,m_n$ |
| Zahnbreite | $b = 0{,}45\,(d_{m_1} + 6\,m)$; $b_m \approx 0{,}8\,d_{m_1}$ (Abb. 18) |
| Schneckenlänge | $L = 2\,m\,(1 + \sqrt{z_2})$ (s. Tab. 22) |

**Zähnezahlen.** Wegen gleichmäßiger Abnutzung der Rad- und Schneckengänge beim Einlauf und Betrieb soll jeder Zahn in jedem Schneckengang eingreifen. Es sind z. B. bei 2gängiger Schnecke 39 oder 41 und nicht 38 bzw. 40 Radzähne zu wählen. Die Radzähnezahl soll bei $\alpha = 15°$ über 36, bei $\alpha = 20°$ über 25 liegen, um Unterschnitt zu vermeiden.

### 36. Wirkungsgrad und Verlustleistung

**a) Wirkungsgrad der Schraubung (Zahnpaarung)** $\eta_s$, $N_s$

*Schnecke* treibt (s. Abschn. 7):

$$\eta_{s_1} = \frac{N_2}{N_1} = \frac{N_2}{N_2 + N_s} = \frac{\mathrm{tg}\,\gamma_m}{\mathrm{tg}\,(\gamma_m + \varrho')} = \frac{\mathrm{tg}\,\gamma_m(1 - \mathrm{tg}\,\gamma_m\,\mathrm{tg}\,\varrho')}{\mathrm{tg}\,\gamma_m + \mathrm{tg}\,\varrho'} = \frac{1 - \mu'\,\mathrm{tg}\,\gamma_m}{1 + \mu'/\mathrm{tg}\,\gamma_m} = \frac{1}{1 + N_s/N_2}.$$

$$N_s/N_2 = \frac{1}{\eta_{s_1}} - 1; \quad (\mu = \mathrm{tg}\,\varrho;\ \mu' = \mathrm{tg}\,\varrho' = \mathrm{tg}\,\varrho/\cos\alpha_n = \mu/\cos\alpha_n).$$

$$N_s = N_1 - N_2 = N_1(1 - \eta_{s_1}) = N_1\left(1 - \frac{1 - \mu'\,\mathrm{tg}\,\gamma_m}{1 + \mu'/\mathrm{tg}\,\gamma_m}\right) = N_1\frac{1 + \mathrm{tg}^2\gamma_m}{1 + \mathrm{tg}\,\gamma_m/\mu'}.$$

*Schneckenrad* treibt:

$$\eta_{s_2} = \frac{N_2 - N_s}{N_2} = \frac{\mathrm{tg}\,(\gamma_m - \varrho')}{\mathrm{tg}\,\gamma_m} = 1 - N_v/N_2 = 1 - \frac{1}{\eta_{s_1}} + 1 = 2 - \frac{1}{\eta_{s_1}}.$$

$$N_s = N_2 - N_1 = N_2(1 - \eta_{s_2}) = N_2\left(1 - 2 + \frac{1}{\eta_{s_1}}\right) = N_2\left(\frac{1}{\eta_{s_1}} - 1\right).$$

---

[1] Bei wachsendem Verhältnis $d_{m1}/a$ nimmt die Flankentragfähigkeit, die Biegesicherheit, aber auch die Verlustleistung der Schnecke zu.

Ist $\gamma_m = \varrho'$, dann wird $\eta_{s_2} = 0$, das Getriebe wird selbstsperrend, d. h. das Schnekkenrad kann die Schnecke nicht verdrehen, erst durch Drehen der Schnecke kann die Last gehoben oder gesenkt werden. Ist $\gamma_m < \varrho'$, dann wird $\eta_{s_2}$ negativ, d. h. Sperrsicherheit besteht bei Stößen usw. (Näheres Abschn. 7.)

**b) Gesamtwirkungsgrad des Getriebes** $\eta_g$ ist das Produkt zwischen dem Wirkungsgrad $\eta_s$ der Schraubung und dem Wirkungsgrad der Reibung in den Schnecken- ($\eta_{l_1}$) und Radwellenlagern ($\eta_{l_2}$), also $\eta_g = \eta_s\,\eta_{l_1}\,\eta_{l_2}$.

*Schnecke* treibt $\qquad \eta_{g_1} = \dfrac{N_2}{N_1} = \dfrac{N_2}{N_2 + N_v} = \dfrac{1}{1 + N_v/N_2}\,;\quad \dfrac{N_v}{N_2} = \dfrac{1}{\eta_{g1}} - 1.$

*Schneckenrad* treibt $\eta_{g_2} = \dfrac{N_1}{N_2} = \dfrac{N_2 - N_v}{N_2} = 1 - \dfrac{N_v}{N_2} \approx 1 + 1 - \dfrac{1}{\eta_{g1}} \approx 2 - \dfrac{1}{\eta_{g1}}\,.$

### 37. Berechnungsgang. Zu bestimmen sind:

a) Zulässige Erwärmung, abhängig von Verlustleistung und Wärmeabfuhr;
b) zulässige Wälzpressung, abhängig von Wahl, Glätte und Verschleiß der Werkstoffe;
c) zulässige Durchbiegung der Schneckenwelle;
d) zulässige Biegebeanspruchung der Radzähne.

**a) Nachweis der zulässigen Erwärmung.** *Kühlleistung* $N_K$. Beim Anlaufen der Schnecke steigt allmählich die Temperatur der äußeren Gehäuseoberfläche, bis nach einigen Stunden ein Temperaturgleichgewicht, ein Grenzwert erreicht wird. Im Getriebe entsteht durch die in der Verzahnung und in den Lagern erzeugte Reibungswärme eine Verlustleistung $N_v = N_1 - N_2 = N_1(1 - \eta_{g1})$, die durch die Kühlleistung $N_K$ abgeführt werden muß. *Stationäre* Getriebe können, wie Versuche zeigen, bei gleichbleibender Belastung eine Luftkühlleistung von

$$N_{KL} \approx 0{,}48 \left(\frac{a}{100}\right)^{1{,}8} y_K$$

aufbringen, wenn die nötige Kühlfläche des Gehäuses durch den Achsabstand $a$, der Einfluß der Schneckendrehzahl und die Kühlung mit Gebläseflügel durch einen Beiwert $y_K$ erfaßt wird. Bei *wechselnder* Belastung (Fahrzeuggetriebe usw.) ist die *mittlere* Luftkühlleistung maßgebend[1].

Im Normalfall ist $N_v < N_{KL}$, es gilt $N_1 = N_2 + N_v$.

Im Grenzfall kann $N_{v\,\text{grenz}} = N_{KL}$ werden, also $N_{1\,T\,\text{grenz}} = N_{2\,T\,\text{grenz}} + N_{KL}$. Die in diesem Grenzfall auftretende Leistung, die Temperaturgrenzleistung $N_{1\,T\,\text{grenz}}$, ergibt sich aus:

$$N_{KL} = N_{1\,T\,\text{grenz}} - N_{2\,T\,\text{grenz}} = N_{1\,T\,\text{grenz}} - N_{1\,T\,\text{grenz}} \cdot \eta_{g1} = N_{1\,T\,\text{grenz}}(1 - \eta_{g1});$$

somit *Temperatur-Grenzleistung*

$$N_{1\,T\,\text{grenz}} = \frac{N_{KL}}{(1 - \eta_{g1})}$$

und Sicherheit gegen *übermäßige* Erwärmung, *Temperatursicherheit*

$$S_T = \frac{N_{1T\,\text{grenz}}}{N_1} = \frac{N_{KL}}{N_1(1 - \eta_{g1})}\,.$$

**b) Nachweis der zulässigen Wälzpressung.** Die Wälzsicherheit der Radflanken liegt bei normalen Verhältnissen so hoch, daß sie nicht nachgerechnet werden muß, sobald die Belastungsgrenze durch entsprechende Temperatursicherheit gegeben ist. Für Überschlagsrechnung genügt eine Kontrolle der Wälzsicherheit mit:

$$S_F = \frac{k_{\text{zul}}\,d_{m_1}\,d_{m_2}\,n_2}{U_2}\,q = \frac{k_{\text{zul}}\,d_{m_1}\,d_{m_2}^2\,n_2}{1{,}43\,N_2\,10^6}\,q,$$

---

[1] Über Berechnungshinweise und Ergebnisse neuester Untersuchungen s. NIEMANN, Maschinenelemente Bd. II, S. 167ff.

wobei $k_{zul} = \dfrac{3{,}93\,k_{grenz}}{3{,}93 + v_g}$, $k_{grenz}$ aus Tab. 23, $q$ aus Tab. 24 zu entnehmen ist. Entsprechende Grenzleistung;

$$N_{2\,grenz} = \frac{k_{zul}\,d_{m_1}\,d_{m_2}^{\,2}\,n_2}{1{,}43 \cdot 10^6}\quad q = N_1\,\eta_{g1}\,S_F.$$

**Tabelle 23. *Werkstoffwerte* $k_{grenz}$ [kp/mm²]**

| Schnecke aus | Radkranz aus | $k_{grenz}$ |
|---|---|---|
| Stahl gehärtet und geschliffen | Cu—Sn-Bronze | 0,8 |
| | Al-Legierung | 0,425 |
| | Perlitguß | 1,2 |
| Stahl vergütet nicht geschliffen | Cu—Sn-Bronze | 0,47 |
| | Zn-Legierung | 0,17 |
| | GG 12 | 0,4 |
| | Al-Legierung | 0,25 |
| Grauguß GG 18 | Cu—Sn-Bronze | 0,4 |
| | Al-Legierung | 0,2 |
| | GG 12 | 0,35 |

**Tabelle 22. *Abhängigkeit der Schneckenlänge $L$ von Teilung $t$ und Radzähnezahl $z_2$***

| $L/t$ | 4 | 4,8 | 5,2 | 5,6 | 6,0 |
|---|---|---|---|---|---|
| $z_1$ | 24 | 36 | 48 | 60 | 72 |

**Tabelle 24. *Flanken-Beiwert $q$***
*berechnet für $m = d_{m_1}/10$ und Radbreite $b_m = 0{,}8\,d_{m_1}$ (Abb. 18)*

| tg $\gamma\,m$ | 0,1 | 0,2 | 0,3 | 0,4 | 0,5 | 0,6 | 0,7 | 0,8 | 0,9 |
|---|---|---|---|---|---|---|---|---|---|
| Schnecke *1, 2* | 0,36 | 0,32 | 0,29 | 0,265 | 0,248 | 0,233 | 0,223 | 0,215 | 0,213 |
| Schnecke *3* | 0,48 | 0,46 | 0,445 | 0,433 | 0,425 | 0,42 | 0,417 | 0,415 | 0,415 |

**c) Nachweis der zulässigen Durchbiegung der Schneckenwelle.** Die Durchbiegung der Schneckenwelle im Punkte $C$ (Abb. 18) soll den Grenzwert $f_{grenz} = d_{m_1}/1000$ nicht überschreiten. Der erforderliche Fußdurchmesser $d_{f_1}$ der Schneckenwelle folgt aus der Gleichung der Durchbiegung:

$$f = \frac{P_1\,l_1^3}{48\,EJ} = \frac{P_1\,l_1^3\,64}{48 \cdot 2{,}1 \cdot 10^4 \pi\,d_{f1}^4} = \frac{P_1\,l_1^3}{5 \cdot 10^4\,d_{f1}^4} \leq \frac{d_{m_1}}{1000}$$

($l$ = Abstand der Lagermitten der Schneckenwelle $\approx 1{,}5\,a$).

Auf Schnecke und Radzahn (Abschn. 7, Abb. 18) wirken in den 3 Hauptachsen im Wälzpunkt $C$ folgende drei Hauptkräfte bzw. Gegenkräfte:

$$U_1 = P_n'\,\sin(\gamma_m + \varrho') = A_2,$$
$$A_1 = P_n'\,\cos(\gamma_m + \varrho') = U_2,$$
$$R_1 = P_n\,\sin\alpha_n = R_2;\ \text{wegen } U_1/A_1 = \mathrm{tg}(\gamma_m + \varrho')\ \text{ist auch}$$
$$U_1 = A_1\,\mathrm{tg}(\gamma_m + \varrho').$$

Auf die Schneckenwelle wirken biegend im Wälzpunkt $C$ die Kraft $R_1 = R_2$ und $U_1 = A_2$, also deren Resultierende $P_1 = \sqrt{R_1^2 + U_1^2}$.

**Tabelle 25. $C_{grenz}$-*Werte* [kp/mm²]**
*für $\alpha_n = 20°$ (für $\alpha_n = 25°$ untere Werte mal 1,2)*

| Radkranz aus | Schnecken-Bezugsprofile nach Abb. 47 | | |
|---|---|---|---|
| | 1 | 2 | 3 |
| Cu—Sn-Bronze | 2,4 | 3,0 | 4,0 |
| Al-Legierung | 1,15 | 1,43 | 1,9 |
| GG 18 | 1,2 | 1,5 | 2,0 |

$R_1 = P_n\,\sin\alpha_n = (P_n\,\cos\alpha_n)\,\mathrm{tg}\,\alpha_n = (P_n\,\cos\alpha_n\,\cos\gamma\,m)\,\mathrm{tg}\,\alpha \approx A_1\,\mathrm{tg}\,\alpha = U_2\,\mathrm{tg}\,\alpha$, weil $\varrho'$ in $(\gamma_m + \varrho')$ gegenüber $\gamma_m$ vernachlässigt werden kann. (s. Abb. 18). $U_1 = A_2 = A_1\,\mathrm{tg}(\gamma_m + \varrho') = U_2\,\mathrm{tg}(\gamma_m + \varrho') \approx U_2\,\mathrm{tg}\,\gamma_m$; somit

$$P_1 \approx U_2\,\sqrt{\mathrm{tg}\,\alpha^2 + \mathrm{tg}\,\gamma_m^2} \approx U_1\,\sqrt{\left(\frac{\mathrm{tg}\,\alpha}{\mathrm{tg}\,\gamma_m}\right)^2 + 1} \approx U_1 \cdot q_B.$$

4*

*Sicherheit* gegen unzulässige *Durchbiegung* der *Schneckenwelle*

$$S_{BS} = \frac{f_{\text{grenz}}}{f} = \frac{d_{m_1}}{1000}\; \frac{5 \cdot 10^4\, d_{f_1}^4}{P_1\, l_1^3} = \frac{50\, d_{f_1}^4\, d_{m_1}^2}{U_1\, l_1^3\, q_B} = \frac{50\, d_{f_1}^4\, d_{m_1}^2}{2\, M_1\, l_1^3\, q_B} = \frac{d_{f_1}^4\, d_{m_1}^2\, n_1}{28\,648\, N_1\, l_1^3\, q_B}\,.$$

**d) Prüfen des Radzahns auf Ausbrechen.** Aus der Gleichung (Abschn. 17) $U_{2\,\text{max}} = c\, b\, t_n = c\, b\, m_n\, \pi$ folgt $\dfrac{1}{c} = \dfrac{b\, m_n\, \pi}{U_{2\,\text{max}}}$, mit dem Grenzwert $k_{\text{grenz}}$ (Tab. 23).

*Sicherheit* gegen *Bruch* des *Radzahns*. Überschlagsrechnung

$$S_{BR} = \frac{k_{\text{grenz}}}{c} = \frac{b\, m_n\, \pi\, k_{\text{grenz}}}{c} \geqq 1{,}0 \cdots 2{,}0.$$

Dabei $b \approx 2{,}5\, m\, \pi \approx 2{,}5\, m_n\, \pi / \cos \gamma_m$ oder $b \approx 0{,}8\, d_{m_1}$.

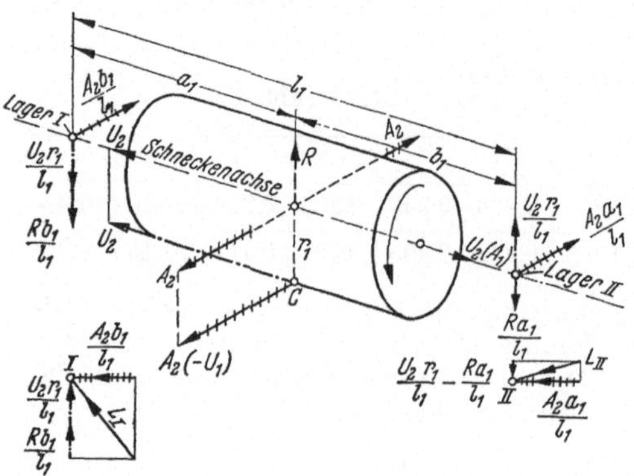

Abb. 48. Auflagerkräfte $L_I$, $L_{II}$ und Axialkraft $U_2$ auf die Schneckenwellenlager. Schnecke linksgängig

**38. Kräfte auf Wellen und Lager.** *Schneckenwelle* (Abb. 48). Durch die Kräfte $U_1, A_1$ und $R_1$ entstehen in den Lagern I und II Teilauflagerkräfte, die maßstäblich aufgetragen und zu den resultierenden Lagerkräften $L_I$ und $L_{II}$ zusammengefaßt werden können. Diese Resultierenden zeigen wegen des Kippmomentes $A_1\, r_1$ verschiedene Größe und Richtung wobei die Richtung der Axialkraft $A_1$ mit dem Drehsinn der Schnecke wechselt. Die Rechnung ergibt eine Lagerkraft auf

*Schneckenwelle*

$$L_I = \sqrt{\left(\frac{A_2\, b_1}{l_1}\right)^2 + \left(\frac{R\, b_1}{l_1} + \frac{U_2\, r_1}{l_1}\right)^2}\,,$$

$$L_{II} = \sqrt{\left(\frac{A_2\, a_1}{l_1}\right)^2 + \left(\frac{R\, a_1}{l_1} - \frac{U_2\, r_1}{l_1}\right)^2}\,.$$

Da fast stets $a_1 = b_1 = l_1/2$ und $A_2 = U_1 \approx U_2\, \operatorname{tg}\gamma_m$ und $R_1 \approx U_2\, \operatorname{tg}\alpha$, so wird

$$L_{I,II} = \frac{U_2}{2}\, \sqrt{\operatorname{tg}^2 \gamma_m + \left(\operatorname{tg}\alpha \pm \frac{d_{m_1}}{l_1}\right)^2}\,.$$

Axialkraft $\qquad\qquad U_2 = A_1,$

Biegemoment $\quad M_{b_1\,\text{max}} = L_{I,II} \cdot \dfrac{l_1}{2}$ [mmkp],

Drehmoment $\qquad\qquad M_1 = U_1\, r_1,$

Beanspruchung der Schneckenwelle auf zusammengesetzte Festigkeit im gefährdeten Querschnitt durch $C$. Berechnung der Durchbiegung (s. Rechenbeispiel 5).

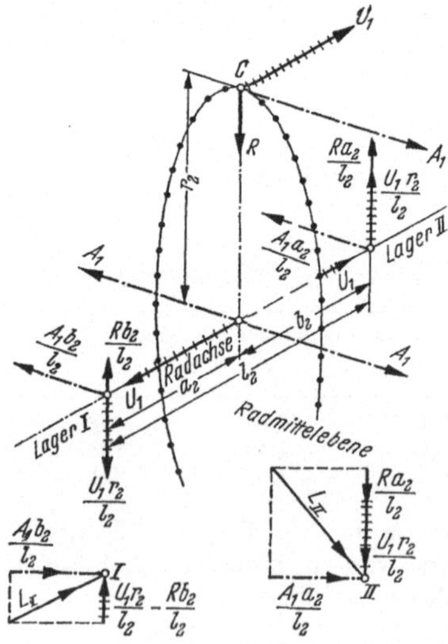

Abb. 49. Auflagerkräfte $L_I$, $L_{II}$ und Axialkraft $U_1$ auf die Radwellenlager

*Radwelle* (Abb. 49):   Bei  $a_2 = b_2 = l_2/2$ ist die

Lagerkraft $\qquad L_{I,II} = \sqrt{\left(\frac{A_1}{2}\right)^2 + \left(\frac{R_1}{2} \mp \frac{U_1 r_2}{l_2}\right)^2}$ .

Mit $\qquad U_1 \approx U_2\,\mathrm{tg}\,\gamma_m, \quad A_1 = U_2, \qquad R_1 = U_2\,\mathrm{tg}\,\alpha$  wird

Lagerkraft $\qquad L_{I,II} = \frac{U_2}{2}\sqrt{1 + \left(\mathrm{tg}\,\alpha \mp \frac{\mathrm{tg}\,\gamma_m\,dm_2}{l_2}\right)^2}$ ,

Axialkraft $\qquad U_1 = A_2$,

Biegemoment $M_{b_2\,\mathrm{max}} = L_{I,II}\,\frac{l_2}{2}$ [mmkp],

Drehmoment $\qquad M_1 = U_2\,r_2$,

Beanspruchung der Radwelle wie oben.

# III. Umlaufgetriebe

**39. Grundsätzliches.** *Umlaufräder* (Planetenräder) sind Räder, die sich nicht nur um ihre *Eigenachse U* — die Umlaufachse —, sondern mit ihrer Eigenachse außerdem um die geometrische *Hauptachse M* drehen können. Die um diese Hauptachse kreisenden Räder heißen *Mittelräder*. Den Abstand zwischen Umlaufachse und Hauptachse sichert ein um die Hauptachse *M* kreisender *Arm* oder *Steg* oder eine als Rad ausgebildete *Armscheibe*.

Die einfachsten Umlaufgetriebe (Abb. 50 und 51) besitzen mindestens drei Achsen (Hauptachse, Armachse und Umlaufachse) und mindestens zwei Räder

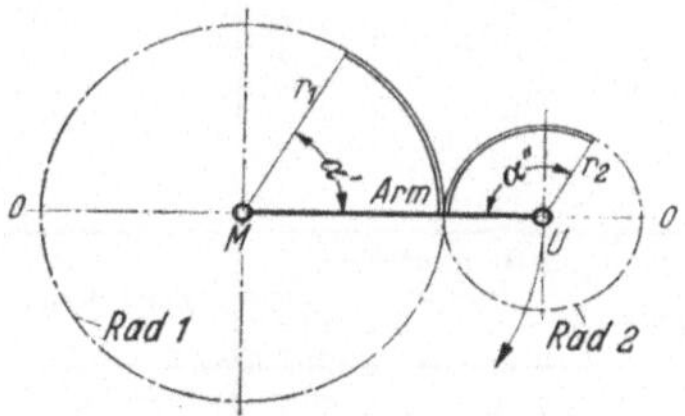

Abb. 50. Zweirädriges Umlaufgetriebe mit Außenverzahnung

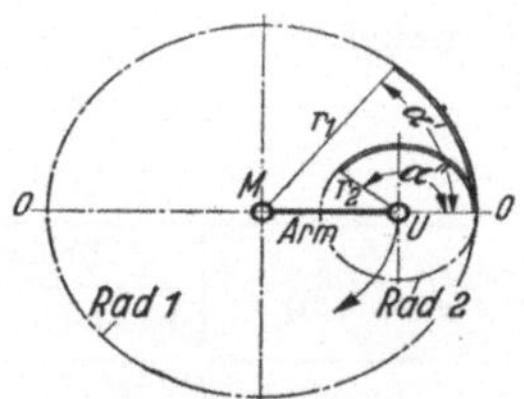

Abb. 51. Zweirädriges Umlaufgetriebe mit Innenverzahnung

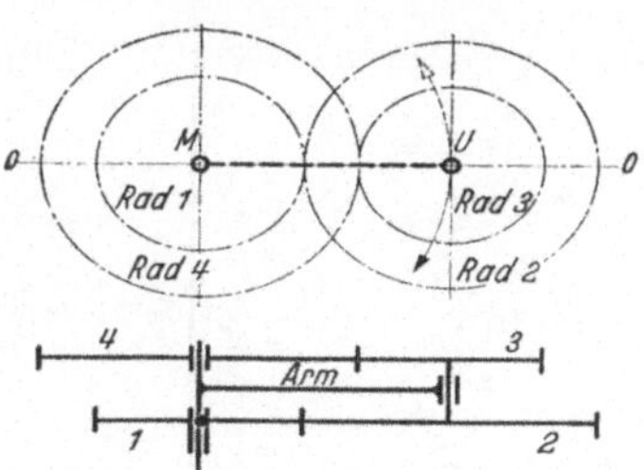

Abb. 52. Vierrädriges rückkehrendes Umlaufgetriebe mit Außenverzahnung

(Mittelrad und Umlaufrad). Praktische Verwendung z. B. zum Schalten von Bohrkopfspindeln (bei Zylinderbohrmaschinen), zum Antrieb von Rührern (in Mischtrommeln), von Spindeln (in Zwirnmaschinen), von Garnknäueln (in Wickelmaschinen) usw.

Vielseitiger in der Anwendung und weitaus verbreiteter sind die *rückkehrenden* Umlaufgetriebe (Abb. 52, 53, 54). Sie besitzen mindestens vier Achsen (zwei Hauptachsen, eine Armachse und eine Umlaufachse) und mindestens drei, oft vier Räder (zwei Mittelräder und ein Umlaufrad bzw. zwei in einem Block vereinigte Umlaufräder). Weil die zwei Hauptachsen in einer Flucht liegen, spricht man von rückkehrenden Umlaufgetrieben. Durch Einbau mehrerer Umlaufblöcke kann mehrfache Leistung übertragen werden, wenn durch besondere Maßnahmen alle Blöcke gleichmäßig tragen und die Fliehkräfte ausgleichen.

**40. Berechnung der Drehzahlen der Räder und des Arms.** Die Drehbewegungen der Räder und des Arms stehen in gegenseitiger Beziehung. Man findet diese durch folgende *Regel*:

1. *Teildrehung*: Man denke sich den Arm (Steg) im Gehäuse (in der Zeichnung) festgehalten. Dreht man Rad *1* um Winkel $\alpha'$ um die Hauptachse $M$, dann verdrehen sich wie in einem gewöhnlichen Getriebe alle übrigen Räder um ihre fest-

Tabelle 26

| Art der Drehbewegung Außenverzahnung (Abb. 50) | Drehwinkel zur Nullage $0\cdots0$ um Hauptachse $M$ | | | Bemerkung |
|---|---|---|---|---|
| | Rad *1* | Rad *2* | Arm | |
| 1. Teildrehung: Linksdrehung von *1* um $M$ um $\alpha'$; Arm fest | $-\alpha'$ | $+\alpha''$ | 0 | $\alpha' r_1 = \alpha'' r_2$ also |
| 2. Teildrehung: Rechtsdrehung des ganzen Getriebes um $M$ um $\alpha'$ | $+\alpha'$ | $+\alpha'$ | $+\alpha'$ | $\alpha'' = \alpha' \dfrac{r_1}{r_2}.$ |
| Resultierende Drehung um $M$ | 0 | $\alpha' + \alpha''$ | $+\alpha'$ | $\alpha_1 r_1 = \alpha_2 r_2$ also |
| Zusatzdrehung von *1* um $M$ um $\alpha_1$ | $\pm\alpha_1$ | $\alpha' + \alpha'' \mp \alpha_2 = \alpha'\left(1 + \dfrac{r_1}{r_2}\right) \mp \alpha_1 \dfrac{r_1}{r_2}$ | $+\alpha'$ | $\alpha_2 = \alpha_1 \dfrac{r_1}{r_2}.$ |
| | | Drehzahlen um ihre Eigenachsen | | |
| Rechts- bzw. Linksdrehung von *1* um $M$ | $\pm n_1$ | $n_2 = n_a \dfrac{r_1}{r_2} \mp n_1 \dfrac{r_1}{r_2}$ | $+ n_a$ | |

Tabelle 27

| Art der Drehbewegung Innenverzahnung (Abb. 51) | Drehwinkel zur Nullage $0\cdots0$ um Hauptachse $M$ | | | Bemerkung |
|---|---|---|---|---|
| | Rad *1* | Rad *2* | Arm | |
| 1. Teildrehung: Linksdrehung von *1* um $M$ um $\alpha'$; Arm fest | $-\alpha'$ | $-\alpha''$ | 0 | $\alpha' r_1 = \alpha'' r_2$ also |
| 2. Teildrehung: Rechtsdrehung des ganzen Getriebes um $M$ um $\alpha'$ | $+\alpha'$ | $+\alpha'$ | $+\alpha'$ | $\alpha'' = \alpha' \dfrac{r_1}{r_2}.$ |
| Resultierende Drehung um $M$ | 0 | $\alpha' - \alpha''$ | $+\alpha'$ | $\alpha_1 r_1 = \alpha_2 r_2$ also |
| Zusatzdrehung von *1* um $M$ um $\alpha_1$ | $\pm\alpha_1$ | $\alpha' - \alpha'' \pm \alpha_2 = \alpha'\left(1 - \dfrac{r_1}{r_2}\right) \pm \alpha_1 \dfrac{r_1}{r_2}$ | $+\alpha'$ | $\alpha_2 = \alpha_1 \dfrac{r_1}{r_2}.$ |
| | | Drehzahlen um ihre Eigenachsen | | |
| Rechts- bzw. Linksdrehung von *1* um $M$ | $\pm n_1$ | $n_2 = - n_a \dfrac{r_1}{r_2} \pm n_1 \dfrac{r_1}{r_2}$ | $+ n_a$ | |

stehenden Achsen um entsprechende Winkel $\alpha'' \cdots$ gegen die ursprüngliche Nullage $0\cdots0$ (Abb. 50, 51).

2. *Teildrehung*: Alle Zahnräder samt Arm seien gegenseitig verriegelt. Verdreht man jetzt den Arm um einen bestimmten Winkel um die Hauptachse $M$, dann werden alle Zahnräder um den gleichen Winkel, also gleichviel und gleichsinnig gegen die ursprüngliche Nullage $0\cdots0$ verdreht (Drehung der ganzen Zeichnung um $M$).

Tabelle 28

| Art der Drehbewegung (Abb. 52) | Drehwinkel zur Nullage $0\cdots0$ um Hauptachse $M$ | | | |
| --- | --- | --- | --- | --- |
| | Rad *1* | Rad *2* und *3* | Rad *4* | Arm |
| 1. Teildrehung: Linksdrehung von *1* um $M$ um $\alpha'$; Arm fest | $-\alpha'$ | $+\alpha''$ | $-\alpha''''$ | $0$ |
| 2. Teildrehung: Rechtsdrehung des ganzen Getriebes um $N$ um $\alpha'$ | $+\alpha'$ | $+\alpha'$ | $+\alpha'$ | $+\alpha'$ |
| Resultierende Drehung um $M$ | $0$ | $\alpha'+\alpha''$ | $\alpha'-\alpha''''$ | $+\alpha'$ |
| Zusatzdrehung von *1* um $M$ um $\alpha_1$ | $\pm\alpha_1$ | $\alpha'+\alpha''\mp\alpha_2$ | $\alpha'-\alpha''''\pm\alpha_4$ $= \alpha'\left(1-\dfrac{r_1 r_3}{r_2 r_4}\right)\pm\alpha_1\dfrac{r_1 r_3}{r_2 r_4}$ | $+\alpha'$ |

Drehzahlen um ihre Eigenachsen

| Rechts- bzw. Linksdrehung von *1* um $M$ | $\pm n_1$ | $n_2 = n_a\dfrac{r_1}{r_2}\mp n_1\dfrac{r_1}{r_2}$ | $n_4=n_a\left(1-\dfrac{r_1 r_3}{r_2 r_4}\right)\pm n_1\dfrac{r_1 r_3}{r_2 r_4}$ | $+n_a$ |

Sonderfall: Bei Zahnrädern kann durch Profilverschiebung (s. WB. 47) $z_2=z_3$ sein bei $z_1\neq z_4$ wobei die Wälzkreishalbmesser $r_1=\dfrac{z_1 m}{2}$ ; $r_2=\dfrac{z_2 m}{2}$ ; $r_3=\dfrac{z_2 m'}{2}$ ; $r_4=\dfrac{z_4 m'}{2}$ werden.

| Rechts- bzw. Linksdrehung von *1* um $M$ | $\pm n_1$ | $n_2 = n_a\dfrac{z_1}{z_2}\mp n_1\dfrac{z_1}{z_2}$ | $n_4 = n_a\left(1-\dfrac{z_1}{z_4}\right)\pm n_1\dfrac{z_1}{z_4}$ | $+n_a$ |

Es ist: $\alpha'' = \alpha'\dfrac{r_1}{r_2}$ ; $\alpha'''' = \alpha''\dfrac{r_3}{r_4} = \alpha'\dfrac{r_1 r_3}{r_2 r_4}$ ; $\alpha_2 = \alpha_1\dfrac{r_1}{r_2}$ ; $\alpha_4 = \alpha_2\dfrac{r_3}{r_4} = \alpha_1\dfrac{r_1 r_3}{r_2 r_4}$ .

Die *resultierende Drehung* ergibt sich aus der Summe dieser beiden Teildrehungen. Hat man die 2. Teildrehung gleich groß aber entgegengesetzt der Drehung des Rades *1* um $M$ (1. Teildrehung um Winkel $\alpha'$) gewählt, dann ist dieses Rad *1* wieder in seine ursprüngliche Nullage zurückgekehrt, seine resultierende Drehung ist gleich Null. Durch Einleiten einer $+$- oder $-$-Zusatzdrehung in Rad *1* erhält man schließlich für diesen allgemeinsten Fall die zugehörigen Beziehungen der Drehwinkel und Drehzahlen der Räder und des Arms unter sich. Die in gleicher Zeit bestrichenen Drehwinkel $\alpha$ ersetzt man besser durch die minutlichen Drehzahlen $n$.

In einem vierrädrigen rückkehrenden Umlaufgetriebe (z. B. Abb. 52, 53, 54) ist

$n_a$ = Drehzahl des Arms (Stegs) um *Hauptachse* $M$ (entsprechend Drehwinkel $\alpha'$),
$n_1$ = Drehzahl des Mittelrades *1* um *Hauptachse* $M$ (entsprechend Drehwinkel $\alpha_1$),
$n_4$ = Drehzahl des Mittelrades *4* um *Hauptachse* $M$,
$n_2 = n_3$ = Drehzahl des Umlaufradblocks mit Rädern 2 und 3 um *Umlaufachse* $U$ (maßgebend zur Berechnung der *Umlauf-Lager*),
$r_1, r_2, r_3, r_4$ = Wälzkreishalbmesser der einzelnen Räder.
(Bei Zahnrädern führt man einfacher die Zahnzahlen $z_1, z_2, z_3, z_4$ ein.)

Die Drehzahlen der Umlaufräder um ihre Eigenachse (= Umlaufachse $U$) findet man, wenn man von dem Gesamtdrehwinkel des Umlaufradblocks um Hauptachse $M$ den Drehwinkel der Eigendrehung der Umlaufachse um $M$, also den Drehwinkel des Arms um $M$ wieder abzieht. Es ist also z. B. bei einem Getriebe nach Abb. 52),
Gesamtdrehwinkel des Umlaufradblocks 2, 3 gegen Nullage $0\cdots0=(\alpha'+\alpha''-\alpha_2)$,
Drehwinkel des Umlaufradblocks 2, 3 gegen Eigenachse $=(\alpha'-\alpha'+\alpha''-\alpha_2)$,
$\qquad = (\alpha''-\alpha_2) = \alpha' r_1/r_2 - \alpha_1 r_1/r_2$,
Drehzahl des Umlaufradblocks 2, 3 gegen Eigenachse $= n_2 = n_3 = n_a r_1/r_2 - n_1 r_1/r_2$.

Die Abb. 50···57 zeigen die *Grundformen* der Umlaufgetriebe, die dazugehörigen Tab. 26, 27, 28 und 31 eine ausführliche, die Tab. 29···30 eine gekürzte Ableitung dieser Grundgleichungen.

Ersetzt man die Außenverzahnung (Abb. 52) durch eine Hohlradverzahnung (Abb. 53), dann ändert sich mit der Größe der Übersetzung $r_1/r_2$ auch ihr Vorzeichen, sowohl in der Drehzahlgleichung für $n_2$ wie in der Grundgleichung für $n_4$. Benützt man 2 Hohlradverzahnungen (Abb. 54), dann bleibt das geänderte Vorzeichen von $r_1/r_2$ der $n_2$-Gleichung, aber in der Grundgleichung für $n_4$ zeigen die Übersetzungs-

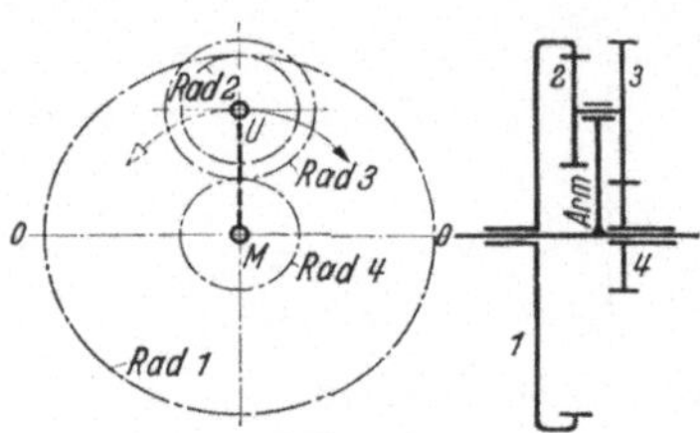

Abb. 53. Vierrädriges rückkehrendes Umlaufgetriebe mit einem Hohlrad

Abb. 54. Vierrädriges rückkehrendes Umlaufgetriebe mit zwei Hohlrädern

glieder $r_1 r_3/r_2 r_4$ nochmal einen Vorzeichenwechsel, der dem der reinen Außenverzahnung (Abb. 52) gleicht. Daher konnten Tab. 29 für Abb. 53 und Tab. 30 für Abb. 54 ohne weitere Ableitung angeschrieben werden. Für Kegelradgetriebe gibt Tab. 31 wieder eine von den Teildrehungswinkeln $\alpha$ abgeleitete Drehzahlgrundgleichung für $n_4$. Sie zeigt durch Abb. 55, daß hier Rad *4* entgegengesetzt wie Rad *4* in Abb. 52 laufen muß.

Der allgemeine Aufbau der fettgedruckten Drehzahlgleichungen ist überall der gleiche. Er zeigt die Form der Grundgleichung der vierrädrigen rückkehrenden Um-

Tabelle 29

| Art der Drehbewegung (Abb. 53) | Drehzahlen um ihre Eigenachsen | | | |
|---|---|---|---|---|
|  | Rad *1* | Rad *2* und *3* | Rad *4* | Arm |
| Rechts- bzw. Linksdrehung von *1* um *M* | $\pm n_1$ | $n_2 = -n_a\dfrac{r_1}{r_2} \pm n_1\dfrac{r_1}{r_2}$ | $n_4 = n_a\left(1 + \dfrac{r_1 r_3}{r_2 r_4}\right) \mp n_1\dfrac{r_1 r_3}{r_2 r_4}$ | $+ n_a$ |
| Sonderfall $r_3 = r_2$ z. B.: Wälz Querlager<br>Rechts- bzw. Linksdrehung von *1* um *M* | $\pm n_1$ | $n_2$ wie oben | $n_4 = n_a\left(1 + \dfrac{r_1}{r_4}\right) \mp n_1\dfrac{r_1}{r_4}$ | $+ n_a$ |

Tabelle 30

| Art der Drehbewegung (Abb. 54) | Drehzahlen um ihre Eigenachsen | | | |
|---|---|---|---|---|
|  | Rad *1* | Rad *2* und *3* | Rad *4* | Arm |
| Rechts- bzw. Linksdrehung von *1* um *M* | $\pm n_1$ | $n_2 = -n_a\dfrac{r_1}{r_2} \pm n_1\dfrac{r_1}{r_2}$ | $n_4 = n_a\left(1 - \dfrac{r_1 r_3}{r_2 r_4}\right) \pm n_1\dfrac{r_1 r_3}{r_2 r_4}$ | $+ n_a$ |

Sonderfall: Bei Zahnrädern kann $z_2 = z_3$ werden, bei $z_1 \neq z_4$<br>(s. Tab. 28). Dadurch wird bei

| | Rad *1* | Rad *2* und *3* | Rad *4* | Arm |
|---|---|---|---|---|
| Rechts- bzw. Linksdrehung von *1* um *M* | $\pm n_1$ | $n_2 = -n_a\dfrac{z_1}{z_2} \pm n_1\dfrac{z_1}{z_2}$ | $n_4 = n_a\left(1 - \dfrac{z_1}{z_4}\right) \pm n_1\dfrac{z_1}{z_4}$ | $+ n_a$ |

Tabelle 31

| Art der Drehbewegung (Abb. 55 und 56) | Drehwinkel zur Nullage 0···0 um Hauptachse $M$ | | | |
| --- | --- | --- | --- | --- |
| | Rad $1$ | Rad $2$ und $3$ | Rad $4$ | Arm |
| 1. Teildrehung: Linksdrehung von $1$ um $M$ um $\alpha'$; Arm fest | $-\alpha'$ | $+\alpha''$ | $+\alpha''''$ | 0 |
| 2. Teildrehung: Rechtsdrehung des ganzen Getriebes um $M$ um $\alpha'$ | $+\alpha'$ | 0 | $+\alpha'$ | $+\alpha'$ |
| Resultierende Drehung um $M$ | 0 | $+\alpha''$ | $\alpha'+\alpha''''$ | $+\alpha'$ |
| Zusatzdrehung von $1$ um $M$ um $\alpha_1$ | $\pm\alpha_1$ | $\alpha''\mp\alpha_2$ | $\alpha'+\alpha''''\mp\alpha_4 = {}$ $= \alpha'\left(1+\dfrac{r_1 r_3}{r_2 r_4}\right)\mp\alpha_1\dfrac{r_1 r_3}{r_2 r_4}$ | $+\alpha'$ |
| | | | Drehzahlen um ihre Eigenachsen | |
| Rechts- bzw. Linksdrehung von $1$ um $M$ | $\pm n_1$ | $n_2 = n_a\dfrac{r_1}{r_2}\mp n_1\dfrac{r_1}{r_2}$ | $n_4 = n_a\left(1+\dfrac{r_1 r_3}{r_2 r_4}\right)\mp n_1\dfrac{r_1 r_3}{r_2 r_4}$ | $+n_a$ |
| Sonderfall $r_1 = r_4$; $r_2 = n_3$ (Abb. 57) z. B.: Wälz-Längslager Rechts- bzw. Linksdrehung von $1$ um $M$ | $\pm n_1$ | $n_2 =$ wie oben | $n_4 = 2\,n_a\mp n_1$ | $+n_a$ |

Gleichungen für $\alpha''$; $\alpha''''$; $\alpha_2$ und $\alpha_4$ s. Tab. 28

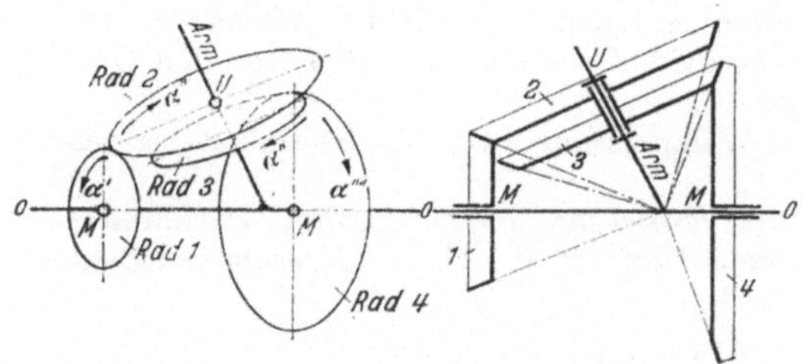


Abb. 55 und 56. Vierrädriges rückkehrendes Kegelrad-Umlaufgetriebe



Abb. 57. Rückkehrendes Kegelrad-Umlaufgetriebe. Sonderfall: $r_1 = r_4$; $r_2 = r_3$

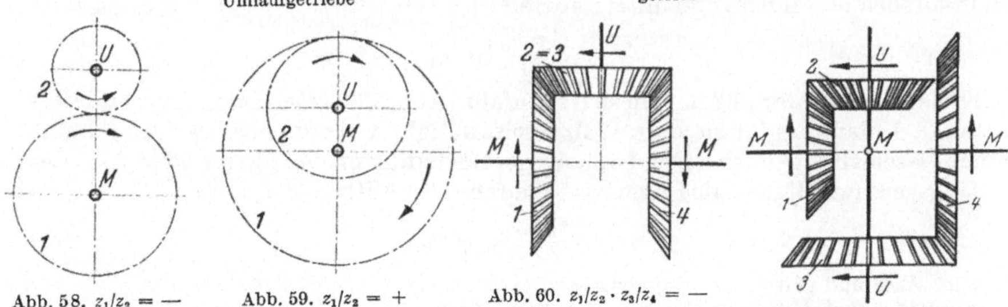


Abb. 58. $z_1/z_2 = -$     Abb. 59. $z_1/z_2 = +$     Abb. 60. $z_1/z_2 \cdot z_3/z_4 = -$

Abb. 61. $z_1/z_2 \cdot z_3/z_4 = +$

laufgetriebe mit drei Hauptachsen, die bei den verschiedenen Bauarten nur Unterschiede in den Vorzeichen der Räderglieder aufweist. Durch Hintereinanderschalten der angegebenen Grundformen oder Einschieben von Zwischenrädern entstehen die verschiedensten *zusammengesetzten* Umlaufgetriebe. Ihre Drehzahlen können ebenfalls mit den entsprechenden und sinngemäß angewandten Grundgleichungen berechnet werden.

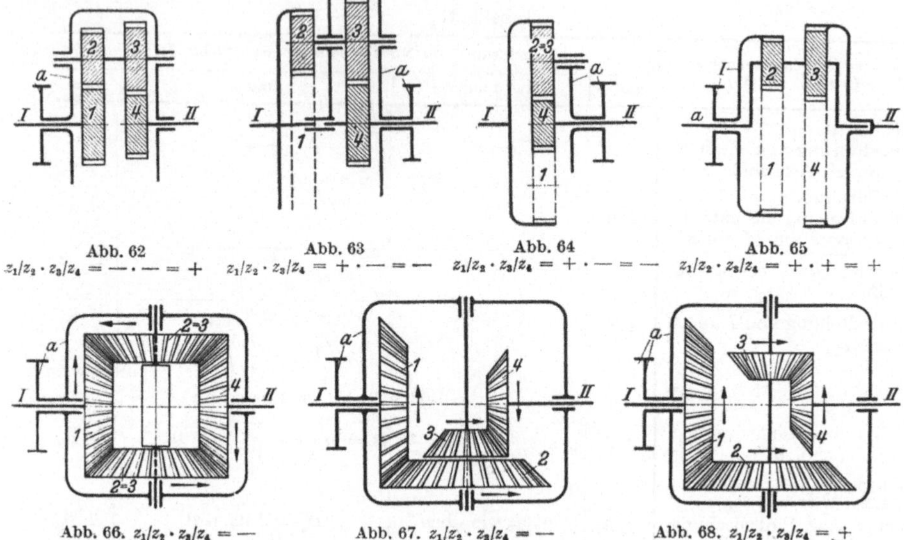

Abb. 62        Abb. 63        Abb. 64        Abb. 65

$z_1/z_2 \cdot z_3/z_4 = - \cdot - = +$    $z_1/z_2 \cdot z_3/z_4 = + \cdot - = -$    $z_1/z_2 \cdot z_3/z_4 = + \cdot - = -$    $z_1/z_2 \cdot z_3/z_4 = + \cdot + = +$

Abb. 66. $z_1/z_2 \cdot z_3/z_4 = -$      Abb. 67. $z_1/z_2 \cdot z_3/z_4 = -$      Abb. 68. $z_1/z_2 \cdot z_3/z_4 = +$

**41. Wälzgeschwindigkeiten.** Bei den Umlaufgetrieben mit umlaufendem Arm unterscheiden sich die Geschwindigkeiten, mit denen die Zähne aufeinander abrollen, d. h. ihre Wälz- oder Eingriffsgeschwindigkeiten, wesentlich von den Umfangsgeschwindigkeiten der Mittelräder.

Bei der Berechnung der Zähne auf Wälzpressung bzw. auf Festigkeit ist das zu berücksichtigen.

Kreist z. B. ein Umlaufrad *2* um das *feststehende außenverzahnte* Mittelrad *1* (Abb. 69), dann wälzt es sich auf dessen Umfang ab. Die Wälzgeschwindigkeit zwischen Rad *1* und *2* ist bei einer Armdrehzahl $n_a$

$$v_{1/2} = \frac{r_1\,\pi\,n_a}{30}\;[\text{m/s}].$$

Bei feststehendem innenverzahntem Mittelrad *1'* wird

$$v'_{1/2} = \frac{r'_1\,\pi\,n_a}{30}\;[\text{m/s}].$$

Kreist ein Umlaufrad *2* um ein sich ebenfalls (Abb. 70) *drehendes außenverzahntes* Mittelrad *1*, dann ergibt sich die Wälzgeschwindigkeit als die algebraische Summe zweier Geschwindigkeiten: Der Umfangsgeschwindigkeit des Mittelrades *1* $\pm$ der Umfangsgeschwindigkeit des Arms am Umfang des Mittelrades *1*. Es ist

$$v_{1/2} = \frac{r_1\,\pi}{30}\,(n_1 \pm n_a),$$

$+$ wenn Arm und Mittelrad entgegengesetzten Drehsinn,
$-$ wenn Arm und Mittelrad gleichen Drehsinn haben.

Rollt ein Umlaufrad *2* (Abb. 71) zugleich auf dem Wälzkreis eines *feststehenden innen*verzahnten Mittelrades *4* und auf dem Wälzkreis eines *treibenden außen*verzahnten Mittelrades *1* ab, dann tritt im Punkt *P*, wie schon oben bemerkt, die Wälzgeschwindigkeit:

$$v_{2/4} = \frac{r_4\,\pi\,n_a}{30}$$

auf.

Im Punkt $C$ setzt sich die Wälzgeschwindigkeit $v_{1/2}$ wieder aus zwei Geschwindigkeiten zusammen. In Abb. 71 verdreht das mit Drehzahl $+ n_1$ treibende Rad *1* das als *Zwischenrad* umlaufende Rad *2* um den Augenblickspol $P$ linksherum, den Arm mit $+ n_a$ rechtsherum. Radmittelpunkt $A$ komme nach $B$. Das Bogenstück $b$ des Umlaufrades wälzt sich am gleich langen Bogen des feststehenden Hohlrades ab. $E$ trifft auf $E'$, $P$ kommt nach $P'$. Die auf dem gleichen Durchmesser liegenden Punkte $e$ und $C$ rücken nach $e'$ und $C'$. Durch die Drehung des treibenden Rades *1* und die dadurch erzeugte Armdrehung wird das sich im Hohlrad *4* abstützende Umlaufrad 2 um das Bogenstück $b = e\,C = e'\,C'$ auf dem Rad *1* abrollen, außerdem aber sich wie eine *Kupplung* um das kleinere Bogenstück $b' = C\,e'$ um $M$ gemeinsam und gleichsinnig mit Rad *1* verdrehen aber

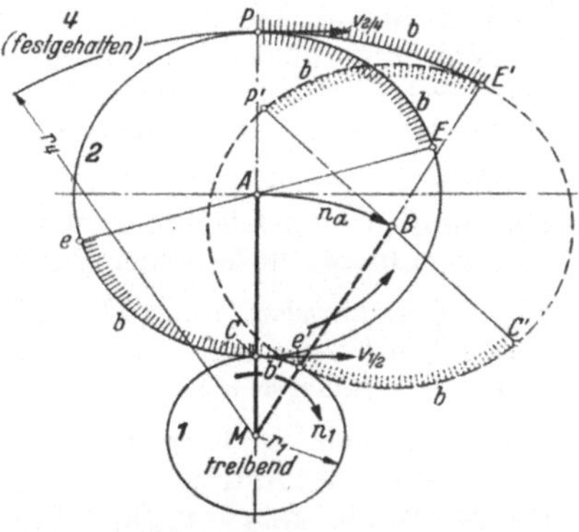

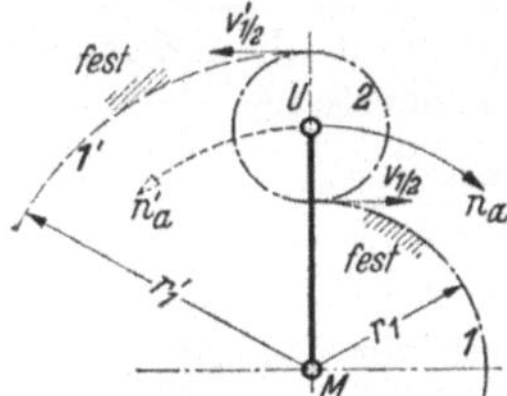

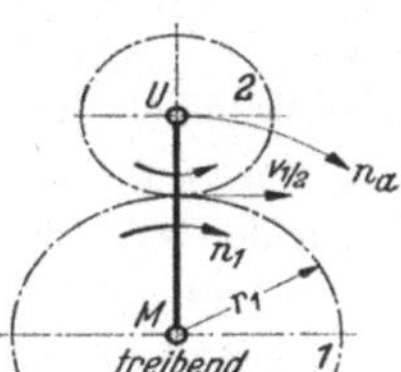

Abb. 69. Wälzgeschwindigkeit $v_{1/2}(v'_{1/2})$ zwischen feststehendem außen (innen) verzahntem Mittelrad *1* (*1'*) und mit Armdrehzahl $n_a$ umlaufendem Rad *2*

Abb. 70. Wälzgeschwindigkeit $v_{1/2}$ zwischen treibendem Mittelrad *1* und mit Armdrehzahl $n_a$ umlaufendem Rad *2*

Abb. 71. Die Wälzgeschwindigkeiten $v_{1/2}$ und $v_{3/4}$ des mit Armdrehzahl $n_a$ umlaufenden Rades *2* zwischen treibendem Mittelrad *1* und feststehendem Hohlrad *4* sind gleich groß

*nicht* abwälzen. Die Wälzgeschwindigkeit $v_{1/2}$ ist gleich der Differenz zweier Geschwindigkeiten, der Umfangsgeschwindigkeit des treibenden Mittelrades *1* und der Umfangsgeschwindigkeit der Kupplungsdrehung des Arms am Umfang des treibenden Mittelrades *1*, also:

$$v_{1/2} = \frac{r_1 \pi}{30} \cdot n_w = \frac{r_1 \pi}{30}\,(n_1 - n_a).$$

Die Wälzgeschwindigkeiten $v_{2/4}$ und $v_{1/2}$ sind bei *feststehendem innen*verzahnten Mittelrad *4* einander *gleich*. Denn die Abb. 71 zeigt, daß die Bögen $b$ des Umlaufrades, die sich auf Rad *4* und Rad *1* abwälzen, *gleich* lang sind. Die Gleichheit der Wälzgeschwindigkeiten läßt sich auch durch die Drehzahlgleichung beweisen. Bei feststehendem Rad *4* lautet nach Tab. 29 die allgemeine Drehzahlgleichung, wenn sie auf die Bezifferung der Abb. 71 umgeschrieben wird:

$$n_1 = n_a\left(1 + \frac{r_4}{r_1}\right) - n_4\frac{r_4}{r_1} = n_a\left(1 + \frac{r_4}{r_1}\right) - 0.$$

Setzt man diesen Wert in die Gleichung für $v_{1/2}$ ein, dann folgt:

$$v_{1/2} = \frac{r_1 \pi}{30}\,(n_1 - n_a) = \frac{r_1 \pi}{30}\left(n_a + n_a\frac{r_4}{r_1} - n_a\right) = \frac{r_4 \pi}{30}\,n_a = v_{2/4}.$$

*Kreist* im allgemeinsten Fall auch noch das *innen*verzahnte Mittelrad *4*, dann ändert sich an den soeben besprochenen Verhältnissen ($v_{2/4} = v_{1/2}$) grundsätzlich nichts. Die Wälzgeschwindigkeit zwischen Umlaufrad *2* und Hohlrad *4* ist wieder die Differenz zwischen der Umfangsgeschwindigkeit des Rades *4* und der des Arms am Umfang des Rades *4*, also

$$v_{1/2} = \frac{r_4 \pi}{30}\,(n_4 \pm n_a).$$

—-Zeichen, wenn Arm und Hohlrad sich *gleichsinnig*,
$+$-Zeichen, wenn Arm und Hohlrad sich *entgegengesetzt* drehen.

Gleich groß ist wieder die Wälzgeschwindigkeit zwischen Rad *1* und Umlaufrad *2*,

$$v_{1/2} = \frac{r_1\,\pi}{30}\,n_w = \frac{r_1\,\pi}{30}\,(n_1 - n_a).$$

**42. Berechnung der Drehmomente unter Berücksichtigung der Reibungsverluste.** Die folgenden Annahmen beziehen sich auf ein rückkehrendes Umlaufgetriebe mit drei Mittelwellen (zwei Radwellen und einer Armscheibenwelle), das folgende Voraussetzungen erfüllen muß. Die drei Mittelwellen müssen sich um die gleiche geometrische Mittelachse $M$ drehen. Außer den auf die einzelnen Wellen ausgeübten Drehmomenten dürfen keine weiteren äußeren Kräfte, also z. B. keine Gewichtskräfte *drehend* einwirken. Irgendwelche weitere Annahmen über den inneren Aufbau des Getriebes werden nicht gemacht.

Wegen der wechselnden Zahl der eingebauten Räder in den verschiedenen Bauarten werden jetzt alle Drehzahlen und Drehmomente nur mehr mit dem Zeiger der zugeordneten *Welle* gekennzeichnet. Es bestehen drei Wellensysteme:

> das *Umlaufsystem*  $a$ mit Umlaufrädern, Drehzahl der *Armwelle* $n_a$,
> das *Mittelradsystem* I mit Welle I, Drehzahl des *Mittelrades* $n_\mathrm{I}$,
> das *Mittelradsystem* II mit Welle II, Drehzahl des *Mittelrades* $n_\mathrm{II}$.

Bei der Wahl der Getriebebauart ist zu berücksichtigen, ob der Drehsinn der Abtriebs- dem der Antriebswelle gleicht oder nicht. Zwei Stirnräder mit dem Zähnezahlenverhältnis $z_1/z_2 = n_\mathrm{II}/n_\mathrm{I} = i_\mathrm{II/I}$ (Abb. 50) kehren bei *Außen*verzahnung den Drehsinn um. Das Verhältnis $z_1/z_2$ ist mit *negativem* Vorzeichen in die Gleichung einzuführen, im Gegensatz zur *Innen*verzahnung (Abb. 51), wo der Drehsinn gleich bleibt. In den Tab. 26$\cdots$31 sind diese verschiedenen Drehrichtungen, passend für die Bauart der dort angegebenen speziellen Abbildungen, bereits *berücksichtigt*, so daß für das Zähnezahlenverhältnis nur mehr der *absolute* Zahlenwert einzusetzen ist.

Während der Wirkungsgrad $\eta_0$ eines aus vier Stirnrädern aufgebauten als *Vorgelege* oder *Standgetriebe* ($n_a = 0$) laufenden Getriebes als *bekannt* vorausgesetzt wird, kann der Wirkungsgrad $\eta_u$ des gleichen aber als *Umlaufgetriebe* ($n_a \gtrless 0$) laufenden Getriebes nicht ohne weiteres angegeben werden.

*Denkt* man sich das *ganze* Umlaufgetriebe um die im Raume festliegende Nulllage $0\cdots0$ mit einer Zusatzdrehung kreisend, die gleich groß, aber entgegengesetzt der Armdrehung ist, dann wird dieses Getriebe für den Betrachter ein gewöhnliches Standgetriebe mit *ruhendem* Arm und bekanntem (bzw. geschätztem) Wirkungsgrad $\eta_0$. Diese Vorstellung erlaubt es, den Wirkungsgrad des *Umlaufgetriebes* zu bestimmen. Die Zusatzdrehung, die man sich auch als eine Zeichnungsdrehung um $0\cdots0$ denken kann, soll natürlich keinen Kraftaufwand erfordern.

| Die Wellen | $a$ | I | II |
|---|---|---|---|
| mit den Drehzahlen | $n_a$ | $n_\mathrm{I}$ | $n_\mathrm{II}$ |
| erhalten die neuen Zahlen | $n_a - n_a = 0$ | $n_\mathrm{I} - n_a$ | $n_\mathrm{II} - n_a.$ |

Die allgemeine Drehzahlgleichung für Radwelle II (Rad *4*, Tab. 28)

$$n_4 = n_\mathrm{II} = n_a\left(1 - \frac{r_1\,r_3}{r_2\,r_4}\right) + n_\mathrm{I}\,\frac{r_1\,r_3}{r_2\,r_4}$$

kann umgeschrieben werden in

$$n_\mathrm{II} - n_a = (n_\mathrm{I} - n_a)\,\frac{r_1\,r_3}{r_2\,r_3} \quad \text{oder} \quad \frac{n_\mathrm{II} - n_a}{n_\mathrm{I} - n_a} = \frac{r_1\,r_3}{r_2\,r_4} = \frac{z_1\,z_3}{z_2\,z_4} = i_\mathrm{II/I}\,, \tag{1}$$

woraus folgt, daß das Übersetzungsverhältnis $i_{\mathrm{II/I}}$ und ebenso die Drehmomente samt den Reibungsverlusten nur vom Verhältnis der *relativen* Drehzahlen $\dfrac{n_{\mathrm{II}} - n_a}{n_{\mathrm{I}} - n_a} = \dfrac{n'_{\mathrm{II}}}{n'_{\mathrm{I}}}$ abhängen, so daß mit dem Wirkungsgrad $\eta_0$ des *Standgetriebes* gerechnet werden kann. Auf das Getriebe wirken von außen die Drehmomente $M_{\mathrm{I}}$, $M_{\mathrm{II}}$, $M_a$.

Weil $M_{\mathrm{I}} = 716{,}2\,\dfrac{N_{\mathrm{I}}}{n_{\mathrm{I}}}$ [mkp], also $M_{\mathrm{I}}\, n_{\mathrm{I}} = 716{,}2\, N_{\mathrm{I}}$ ein Maß der Leistung ist und $V$ die zur Überwindung sämtlicher Reibungswiderstände nötige Leistung darstellt, muß

$$M_{\mathrm{I}}\, n_{\mathrm{I}} + M_{\mathrm{II}}\, n_{\mathrm{II}} + M_a\, n_a + V = 0, \tag{2}$$

nach Einführen einer gedachten Zusatzdrehung $-n_a$, also bei ruhend gedachter Armscheibe

$$M_{\mathrm{I}}(n_{\mathrm{I}} - n_a) + M_{\mathrm{II}}(n_{\mathrm{II}} - n_a) + V = 0 \tag{3}$$

sein. Wird der gesamte Leistungsverlust $V$ bei $n_a = 0$ durch den Wirkungsgrad $\eta_0$ eines Standgetriebes ersetzt, dann gilt

$$M_{\mathrm{I}}(n_{\mathrm{I}} - n_a)\, \eta_0^p + M_{\mathrm{II}}(n_{\mathrm{II}} - n_a) = 0 \tag{4}$$

und

$$V = -M_{\mathrm{I}}(n_{\mathrm{I}} - n_a)\,(1 - \eta_0^p). \tag{4a}$$

Dabei ist zu beachten, daß der Exponent $p = \pm 1$ sein kann.

Es ist $p = +1$ zu setzen, d. h. mit Faktor $\eta_0$ zu rechnen, wenn bei *ruhender* Armscheibe das System I (Welle I) treibt. Hier kann infolge der Reibungsverluste nur ein Teil, also $M_{\mathrm{I}}(n_{\mathrm{I}} - n_a)\, \eta_0$ ausgenutzt werden. Treibt aber bei ruhend gedachter Armscheibe das System II (Welle II) und gibt an das getriebene System I die verringerte Leistung $M_{\mathrm{II}}(n_{\mathrm{II}} - n_a)\, \eta_0$ ab, dann gilt

$$M_{\mathrm{I}}(n_{\mathrm{I}} - n_a) + M_{\mathrm{II}}(n_{\mathrm{II}} - n_a)\, \eta_0 = 0 \quad \text{oder} \quad M_{\mathrm{I}}(n_{\mathrm{I}} - n_0)\,\frac{1}{\eta_0} + M_{\mathrm{II}}(n_{\mathrm{II}} - n_a) = 0, \tag{5}$$

d. h. in Gl. (4) ist $p = -1$, es muß mit $\dfrac{1}{\eta_0}$ gerechnet werden.

Ein System ist *treibend*, wenn das Produkt $M \cdot n$ positiv ist, wenn der Drehsinn des Rades mit der Drehrichtung des Momentes übereinstimmt, wenn also bei ruhend gedachter Armscheibe $M_{\mathrm{I}}$ *und* $(n_{\mathrm{I}} - n_a)$ beide $+$ oder beide $-$ sind. Durch die gedachte Zusatzdrehung kann die Drehzahldifferenz $(n_{\mathrm{I}} - n_a)$ auch negativ werden, der Drehsinn sich ändern, d. h. ein System getrieben sein, während es normal im im Getriebe treibt. Vereinigt man Gl. (4) mit (1), dann wird

$$M_{\mathrm{I}}\, \eta_0^p + M_{\mathrm{II}}\, \frac{r_1\, r_3}{r_2\, r_4} = 0, \quad \text{oder} \quad \frac{M_{\mathrm{I}}}{M_{\mathrm{II}}} \cdot \eta_0^p = -\frac{r_1\, r_3}{r_2\, r_4} = -\frac{n'_{\mathrm{II}}}{n'_{\mathrm{I}}} = -i_{\mathrm{II/I}}, \tag{6}$$

d. h. auch die Drehmomente $M_{\mathrm{I}}$ und $M_{\mathrm{II}}$ können mit dem Wirkungsgrad $\eta_0$ des Standgetriebes und dem gleichen Übersetzungsverhältnis $\dfrac{r_1\, r_3}{r_2\, r_4} = i_{\mathrm{II/I}}$ berechnet werden, das laut Gl. (1) nur von dem Verhältnis der *relativen* Drehzahlen $\dfrac{n'_{\mathrm{II}}}{n'_{\mathrm{I}}}$ abhängt.

Aus den Gln. (4) und (6) entsteht schließlich die gegenseitige Beziehung zwischen den drei Drehmomenten eines Umlaufgetriebes mit kreisender Armscheibe:

$$M_a = -(M_\mathrm{I} + M_\mathrm{II}) = -\left(M_\mathrm{I} - M_\mathrm{I}\,\frac{\eta_0^p}{i_{\mathrm{II}/\mathrm{I}}}\right) = M_\mathrm{I}\left(\frac{\eta_0^p}{i_{\mathrm{II}/\mathrm{I}}} - 1\right) \\ = -\left(-\frac{M_\mathrm{II}}{\eta_0^p/i_{\mathrm{II}/\mathrm{I}}} + M_\mathrm{II}\right) = M_\mathrm{II}\,\frac{i_{\mathrm{II}/\mathrm{I}}}{\eta_0^p}\left(1 - \frac{\eta_0^p}{i_{\mathrm{II}/\mathrm{I}}}\right) \tag{7}$$

Beachte, daß diese Gleichungen ganz allgemein für ein Umlaufgetriebe gelten, dessen Summe $M_\mathrm{I} + M_\mathrm{II} + M_a = 0$ ist, sofern die Zahlenwerte von $M$ und $i$ mit dem jeweiligen Vorzeichen eingesetzt werden.

**43. Wirkungsgrad des Umlaufgetriebes.** Laufen alle drei Wellen, treibt System I, werden sowohl aus System II wie Armsystem $a$ die Drehleistungen $M_\mathrm{II}\,n_\mathrm{II}$ und $M_a\,n_a$ nutzbringend entnommen oder bei *laufender* Welle abgebremst (durch Leistungsbremsung), dann ist der Wirkungsgrad des Umlaufgetriebes

$$\eta_U = \frac{M_\mathrm{II}\,n_\mathrm{II} + M_a\,n_a}{M_\mathrm{I}\,n_\mathrm{I}}.$$

Bei *festgebremstem* Armsystem wird

$$\eta_U = \frac{M_\mathrm{II}\,n_\mathrm{II}}{M_\mathrm{I}\,n_\mathrm{I}} = \eta_0 = \text{Wirkungsgrad des Standgetriebes.}$$

**44. Umlaufgetriebe als Übersetzungsgetriebe.** Laufen gleichzeitig alle drei Wellen eines beliebigen Umlaufgetriebes (z. B. nach Abb. 52), dann können die Drehzahlen $n_\mathrm{I}$, $n_\mathrm{II}$ und $n_a$ alle beliebigen Werte annehmen, die der Gleichung der Tab. 28 genügen. Das augenblicklich zwischen zwei Wellen bestehende Drehzahlverhältnis kann sich beliebig nach den von außen einwirkenden Steuerkräften ändern, die ein Beschleunigen, Verzögern, Vorwärts- oder Rückwärtslaufen ermöglichen sollen. Mit diesen Summen — Verzweigungs- oder Ausgleichgetrieben — lassen sich zwei beliebige Drehbewegungen zu einer dritten vereinen, umgekehrt wieder trennen oder gegenseitig wieder ausgleichen. Verwendung bei Fahrzeugantrieben, in der Fördertechnik und bei Werkzeugmaschinen im Schaltantrieb (z. B. beim Verzahnen von Zahnrädern). Die drei Drehmomente der Gl. (Tab. 28) wirken stets auf ihre Wellen, ob nun alle drei oder nur zwei laufen. Auf eine *festgebremste* Welle drückt dann ein *Stützmoment*, ihre *Drehzahl* ist gleich *Null*. An Stelle des nicht mehr wirkenden *Drehzahl*verhältnisses tritt der durch die Getriebebauart bedingte Wert des *Übersetzungs*verhältnisses $i_{\mathrm{II}/\mathrm{I}} = r_1\,r_3/r_2\,r_4$ [Gl. (1)], d. h. durch *Festhalten* eines der Wellensysteme I oder II wird das Umlaufgetriebe zum *Übersetzungsgetriebe* mit *eindeutiger* Übersetzung zwischen den beiden noch laufenden Wellen. In Tabellenform lassen sich die Übersetzungen mit der Swamp-Regel leicht feststellen.

**45. Swamp-Regel**

| Welle I | Welle II | Welle $a$ | |
|---|---|---|---|
| $n_\mathrm{I}$ | $n_\mathrm{II}$ | $0$ | $\dfrac{n_\mathrm{I}}{n_\mathrm{II}} = i_{\mathrm{I}/\mathrm{II}}$ Standgetiebe Übersetzung |
| $-\,n_\mathrm{I}$ <br> $0$ | $-\,n_\mathrm{I}$ <br> $n_\mathrm{II}\quad n_\mathrm{I}$ | $-\,n_\mathrm{I}$ <br> $-\,n_\mathrm{I}$ | $\dfrac{n_\mathrm{II}}{n_a} = i_{\mathrm{II}/a} = \dfrac{n_\mathrm{I} - n_\mathrm{II}}{n_\mathrm{I}} = 1 - \dfrac{n_\mathrm{II}}{n_\mathrm{I}} = 1 - i_{\mathrm{II}/\mathrm{I}}$ |
| $-\,n_\mathrm{II}$ <br> $n_\mathrm{I} - n_\mathrm{II}$ | $-\,n_\mathrm{II}$ <br> $0$ | $-\,n_\mathrm{II}$ <br> $-\,n_\mathrm{II}$ | $\dfrac{n_\mathrm{I}}{n_a} = i_{\mathrm{I}/a} = \dfrac{n_\mathrm{II} - n_\mathrm{I}}{n_\mathrm{II}} = 1 - \dfrac{n_\mathrm{I}}{n_\mathrm{II}} = 1 - i_{\mathrm{I}/\mathrm{II}}$ |

Wie die Tab. 26···31 geht auch die SWAMP-Regel vom Standgetriebe ($n_a = 0$) aus, überlagert nacheinander die Zusatzdrehungen $-n_\mathrm{I}$ und $-n_\mathrm{II}$ und bringt jeweils die Welle I bzw. II zur Ruhe. Es entstehen die beiden anderen Übersetzungen $i_{\mathrm{II}/a}$ und $i_{\mathrm{I}/a}$. Durch $i_{\mathrm{II}/a} = 1 - i_{\mathrm{II}/\mathrm{I}}$ und $i_{\mathrm{I}/a} = 1 - i_{\mathrm{I}/\mathrm{II}}$ werden fehlende Wellenübersetzungen schnell ermittelt. Außerdem ist:

$$i_{\mathrm{I}/\mathrm{II}} \cdot i_{\mathrm{II}/a} \cdot i_{a/\mathrm{I}} = i_{\mathrm{I}/\mathrm{II}} \left(1 - \frac{1}{i_{\mathrm{I}/\mathrm{II}}}\right)\left(\frac{1}{1 - i_{\mathrm{I}/\mathrm{II}}}\right) = -1 \quad \text{oder} \quad i_{\mathrm{I}/\mathrm{II}} = -i_{\mathrm{I}/a} \cdot i_{a/\mathrm{II}} = -\frac{i_{\mathrm{I}/a}}{i_{\mathrm{II}/a}},$$

d. h. *jede* der drei Übersetzungen eines Umlaufgetriebes läßt sich mit dieser Grundformel durch eine der beiden anderen ausdrücken, wobei ein Übersetzungswert und dessen Kehrwert völlig gleichwertig sind.

**46. Sinnbild.** Entwurf und Übersicht über alle wesentlichen Eigenschaften eines Umlaufgetriebes werden nach WOLF[1] durch ein Sinnbild sehr erleichtert. Ein Kreis ersetzt das Getriebe, drei radiale Strahlen die Wellen I, II und $a$. Die Welle mit dem größten Drehmoment wird durch Doppelstrich, eine ruhende Welle durch Schraffieren hervorgehoben. Zahlen an den Wellen bezeichnen die Größe der miteinander im Gleichgewicht stehenden Drehmomente des *verlustlosen* Getriebes; reziprok gelesen ergeben sie das Drehzahlenverhältnis zwischen zwei Wellen bei *ruhender* dritter Welle. Somit ist das Leistungsverhältnis zwischen zwei Wellen I und II:

$$\varepsilon_{\mathrm{II}/\mathrm{I}} = -\frac{L_\mathrm{II}}{L_\mathrm{I}} = -\frac{M_\mathrm{II} \cdot n_\mathrm{II}}{M_\mathrm{I} \cdot n_\mathrm{I}} = -\frac{M_\mathrm{II}}{M_\mathrm{I}} \cdot i_{\mathrm{II}/\mathrm{I}} = 1. \tag{8}$$

$$\text{Daher} \quad -\frac{M_\mathrm{II}}{M_\mathrm{I}} = \frac{n_\mathrm{I}}{n_\mathrm{II}} = i_{\mathrm{I}/\mathrm{II}}.$$

Da hier wie schon in Gl. (6) und weiteren Ableitungen gleichartige Größen ins Verhältnis gesetzt werden, entstehen dimensionslose Beziehungen.

Beispiel 1. *Negative* Standgetriebe-Übersetzung $i_{\mathrm{I}/\mathrm{II}} = -4 = -4/1$. An Welle I ist reziprok die Zahl 1, an II die Zahl 4, zwischen den Wellen I und II ein Minuszeichen zu setzen; abzulesen ist: $-\dfrac{M_\mathrm{II}}{M_\mathrm{I}} = \dfrac{n_\mathrm{I}}{n_\mathrm{II}} = i_{\mathrm{I}/\mathrm{II}} = -4/1$. Gegenüber einer negativen Übersetzung liegt stets die Summenwelle, hier Welle $a$ mit Doppelstrich, die Ziffer $5 = 4 + 1$ und $+$-Zeichen beiderseits haben muß. Abzulesen ist $i_{\mathrm{I}/a} = 5/1$: $i_{\mathrm{II}/a} = 5/4$. Nach SWAMP muß sein: $i_{\mathrm{I}/\mathrm{II}} \cdot i_{\mathrm{II}/a} \cdot i_{a/\mathrm{I}} = -1$.

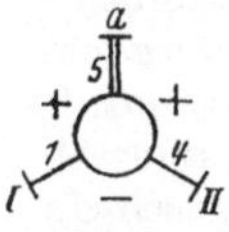

Abb. 72
Beispiel 1

Beispiel 2. *Positive* Standgetriebe-Übersetzung $i_{\mathrm{I}/\mathrm{II}} = +4 = +4/1$. Die Drehzahlen 4 und 1 werden reziprok an die Wellen II und I geschrieben. Da $i_{\mathrm{I}/\mathrm{II}}$ positiv, ist Welle II die Summenwelle, bekommt Doppelstrich, auch rechts ein Pluszeichen. Welle $a$ muß Ziffer 3 erhalten, da die Momentensumme $4 - 3 - 1 = 0$ sein muß.

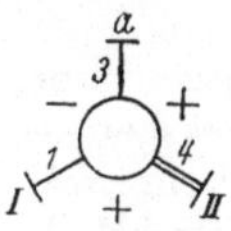

Abb. 73
Beispiel 2

**47. Äußere und innere Leistung (Wälzleistung, Kupplungsleistung, Blindleistung).** Beim *Standgetriebe* wie beim *Umlaufgetriebe* mit *ruhender* Armscheibe wird die von der Antriebswelle eingeführte Arbeitsleistung nur durch Abwälzen der Zahnflanken auf die andere Welle übertragen und nach außen als Abtriebsleistung abgegeben. Im Getriebe entsteht nur eine *Wälzleistung* $L_w$. Im Umlaufgetriebe mit *kreisender* Armscheibe entstehen neben den Wälzdrehungen (Abschn. 41) stets auch *Kupplungs*drehungen, die den Wälzdrehungen überlagert sind. Gesehen vom Standpunkt

[1] Ausführlichere Angaben siehe [5].

auf der kreisenden Armscheibe ergibt sich die gesuchte Wälzdrehung $n_w$ zwischen treibendem Rad I und Armscheibe $a$ als Relativdrehung.

Die eingeleitete äußere Leistung $L_{\mathrm{I}}$ erzeugt zwei innere Leistungen,

$$\text{die } W\ddot{a}lzleistung \ L_w = M_{\mathrm{I}}(n_{\mathrm{I}} - n_a) \text{ und}$$
$$\text{die } Kupplungsleistung \ L_k = M_{\mathrm{I}} \cdot n_a.$$

Diese günstige innere Aufteilung bezeichnet man mit *Leistungsteilung*, sofern die Wälzleistung $L_w$ noch *kleiner* ist als die äußere Leistung $L_{\mathrm{I}}$. Während die Wälzleistung $L_w$ die Abmessungen der Verzahnung bedingt, die hauptsächlich vom Verschleiß durch Wälzen und Gleiten abhängen, wird die Kupplungsleistung praktich verlustlos nur durch Druck übertragen, den die Zähne sowieso beim Wälzen aushalten müssen (s. Rechenbeispiel 8).

*Übersteigt* die Wälzleistung $L_w$ die äußere Leistung $L_{\mathrm{I}}$, dann spricht man von *Blindleistung*. Eine innere Leistung, — Wälzleistung und Kupplungsleistung — *übersteigt* die eingeführte äußere Leistung und bestimmt die Abmessungen des Getriebes, besonders der Verzahnung, tritt aber nach außen *nicht* in Erscheinung (s. Rechenbeispiel 9).

Es gilt folgende Regel:

*Leistungsteilung* vorhanden, wenn a) an Armscheibenwelle $a$ $M_{\max}$,

oder b) an ruhender Welle $M_{\min}$ wirkt.

*Blindleistung* vorhanden in allen anderen Fällen.

**48. Kennzeichen der Kraftflußrichtung. Gleich- und Gegenstromübersetzung. Richtiger Einsatz des Standgetriebe-Wirkungsgrades $\eta_0$.** Beim Standgetriebe ist die Kraftflußrichtung sofort erkennbar. Sie fließt von der Antriebs- zur Abtriebswelle, von der positiven zur negativen Leistung, die stets um die Getriebeverluste geringer ist. Das Leistungsverhältnis $\varepsilon$ der beiden Wellenleistungen gibt die relative Größe der Verluste an. Ist $\varepsilon$ kleiner als 1, dann wird es als Wirkungsgrad $\eta_0$ bezeichnet.

$$\varepsilon_{\mathrm{II/I}} = -\frac{L_{\mathrm{II}}}{L_{\mathrm{I}}} = -\frac{M_{\mathrm{II}} \cdot n_{\mathrm{II}}}{M_{\mathrm{I}} \cdot n_{\mathrm{I}}} = -\frac{M_{\mathrm{II}}}{M_{\mathrm{I}}} \cdot i_{\mathrm{II/I}} = \eta_0^p; \qquad \begin{array}{l} p = +1, \text{ wenn Welle I treibt,} \\ p = -1, \text{ wenn Welle II treibt.} \end{array} \tag{9}$$

Den gleichen Wirkungsgrad hat auch ein Umlaufgetriebe, dessen Armscheibe $a$ festgehalten wird. Gibt man den *drei* Wellen dieses Getriebes eine *gleichgroße Zusatzdrehung*, dann sind die Verluste die *gleichen*. Sie sind *nur* von der Wälzleistung abhängig, die auch bei laufender Armscheibe $a$ *nur* durch die *relativen* Wälzgeschwindigkeiten, die *relativen* Drehzahlen $(n_{\mathrm{I}} - n_a)$, $(n_{\mathrm{II}} - n_a)$ der eingreifenden Räder bestimmt wird. Das gleiche gilt von der Kraftflußrichtung. Vom Arm $a$ als Ruhepunkt sieht man, welche Mittelradwelle treibt oder getrieben wird. Je nach der gefundenen Richtung wird das Leistungsverhältnis $\varepsilon$ der beiden Mittelradwellen einmal kleiner einmal größer als 1 sein.

Eine Mittelradwelle, die eine äußere Antriebsleistung aufnimmt, bezeichnet man als *absolut treibend*. Bei ihr sind — von der ruhenden Umgebung aus gesehen — *Moment* und *Drehzahl gleichgerichtet*. Betrachtet man diese Mittelradwelle vom kreisenden Arm aus, so ändert sich an dem *Richtungssinn* des *Moments* offensichtlich nichts, denn die gleichen Zahnflanken bleiben in Berührung. Die *Drehrichtung* dagegen entscheiden folgende zwei Fälle.

Im ersten Fall behält die Mittelradwelle ihren Richtungssinn, wenn sie, von außen betrachtet, *gleichsinnig schneller* als die Armwelle läuft, oder wenn beide Wellen von außen gesehen *entgegengesetzt* laufen. Momenten- und Drehrichtung und damit auch die Richtung des Leistungsflusses bleiben erhalten, gleichgültig ob man von außen oder von der kreisenden Armwelle aus die Mittelradwelle betrachtet. Man spricht in diesem Fall, in dem *äußerer* Leistungsfluß (aus ruhender Umgebung betrachtet) und *innerer* Leistungsfluß (vom kreisenden Arm aus gesehen) gewissermaßen *gleichgerichtet* sind, von einer Gleichstromübersetzung.

Im zweiten Fall wechselt die betrachtete Mittelradwelle beim Standortwechsel auch den *Drehsinn* immer dann, wenn die Armwelle im *gleichen* Drehsinn aber *schneller* läuft als die Mittelradwelle. Vom Standort auf der kreisenden Armwelle *überholt* man die langsamer laufende Mittelradwelle und stellt fest, daß sie sich *entgegengesetzt* dreht, daß das Produkt aus Moment und Drehzahl, die *Leistung*, das Vorzeichen gewechselt hat. Weil die absolut treibende Mittelradwelle jetzt relativ getrieben wird, äußerer und innerer Leistungsfluß gleichsam entgegengesetzt gerichtet sind, spricht man von einer Gegenstromübersetzung.

Bei Gleichstrom treibt Welle I[1] *absolut* mit $M_I\, n_I = +\cdot + $ oder $ - \cdot - = +$,
$$\text{\emph{relativ} mit } M_I(n_I - n_a) = + \,(+) \text{ oder } - \,(-) = +.$$

Weil aus dem Verhältnis $\dfrac{M_I\, n_I}{M_I(n_I - n_a)} = \dfrac{n_I}{n_I - n_a}$ die Drehmomente ausscheiden, ergibt sich die Kraftflußrichtung schon aus dem Übersetzungsverhältnis $n_I/n_a = i_{I/a}$.

Gleichstromübersetzung verlangt:

Entweder: Positives $n_I$ und positives $(n_I - n_a)$:

z. B.: $n_I = 20$; $n_a = 15$; $(n_I - n_a) = 5$; $n_I/n_a = i_{I/a} = 20/15 = 4/3 > 1$;

$n_I = 10$; $n_a = -20$; $(n_I - n_a) = 30$; $n_I/n_a = i_{I/a} = -1/2 = -0{,}5 < 0$.

Oder: Negatives $n_I$ und negatives $(n_I - n_a)$:

z. B.: $n_I = -20$; $n_a = -15$; $(n_I - n_a) = -5$; $n_I/n_a = i_{I/a} = 20/15 =$
$$4/3 > 1,$$

$n_I = -10$; $n_a = 20$; $(n_a - n_I) = -30$; $n_I/n_a = i_{I/a} = -1/2 =$
$$-0{,}5 < 0.$$

In beiden Fällen ist $i_{I/a} < 0$ bzw. $i_{I/a} > 1$,
$$\text{d. h. } i_{I/a} \text{ liegt (\emph{außer} Bereich } 0 \ldots 1).$$

Gleichstromübersetzung ist vorhanden, wenn entweder die Welle I und $a$ gleichsinnig laufen, Welle I schneller als Welle $a$ läuft und der Zahlenwert $i_{I/a}$ positiv und größer als 1 ist; oder die Wellen I und $a$ gegensinnig laufen, der Zahlenwert $i_{I/a} < 0$, also negativ ist.

Gegenstromübersetzung. Denkt man seinen Standpunkt von der ruhenden Umgebung auf den laufenden Arm $a$ verlegt, so wechselt die laufende Mittelradwelle I nur dann ihren Drehsinn, wenn sie von der Armwelle $a$ *überholt* wird.
Bedingungen:

1. Die Zahlenwerte von $n_I$ und $n_a$ müssen beide ein positives oder beide ein negatives Vorzeichen haben. Die Wellen I und $a$ laufen also nur dann gleichsinnig, wenn der Zahlenwert von $i_{I/a}$ positiv ist, d. h.
$$i_{I/a} > 0.$$

2. Welle $a$ läuft nur dann schneller als Welle I, *überholt* also Welle I, wenn der Zahlenwert von $n_a$ größer als der Zahlenwert von $n_I$ ist, d. h.
$$i_{I/a} < 1.$$

Zusammengefaßt gilt
$$0 < i_{I/a} < 1,$$
d. h.: $i_{I/a}$ liegt (*im* Bereich $0 \ldots 1$).

---

[1] Treibt Welle II, dann gilt $n_{II}$, $(n_{II} - n_a)$, $n_{II}/n_a = i_{II/a}$.

*Regel* für den richtigen Einsatz des Standgetriebe-Wirkungsgrades $\eta_0$.

1. Ist $i_{I/a}$ (bzw. $i_{II/a}$) eine *Gleichstromübersetzung* (*außer* Bereich $0 \cdots 1$), so gilt
bei absolut treibender Welle I
(und absolut getriebener Welle II)        $\varepsilon_{II/I} = \eta_0 < 1$
bei absolut getriebener Welle I
(und absolut treibender Welle II)         $\varepsilon_{II/I} = \dfrac{1}{\eta_0} > 1$          (10)

2. Ist $i_{I/a}$ (bzw. $i_{II/a}$) eine *Gegenstromübersetzung* (*im* Bereich $0 \cdots 1$), so gilt
bei absolut treibender Welle I
(und absolut getriebener Welle II)        $\varepsilon_{II/I} = \dfrac{1}{\eta_0} > 1$
bei absolut getriebener Welle I
(und absolut treibender Welle II)         $\varepsilon_{II/I} = \eta_0 < 1$          (11)

**49. Wirkungsgrad $\eta_U$, Leistungsverhältnis $\varepsilon$ der Umlaufübersetzung.**  Welle I
treibt Armwelle, II festgebremst. $M_I = 3$; $\eta_0 = 0,9$; $i_{I/a} = 2/3$ liegt (*im* Bereich
$0 \ldots 1$), Gegenstromübersetzung. Regel 11 gibt $\varepsilon_{II/I} = 1/\eta_0$. Nach SWAMP ist
$i_{I/II} = 1 - i_{I/a} = 1 - 2/3 = 1/3$; [Gl. (9)]: $M_{II} = -\varepsilon_{II/I}\, M_I\, i_{I/II} = -10/9$.
$M_a = -M_I - M_{II} = -3 + 10/9 = -17/9$; $\varepsilon_{a/I} = \eta_U = \dfrac{M_a\, n_a}{M_I\, n_I} = \dfrac{17 \cdot 3}{9 \cdot 3 \cdot 2} = 0,944$
(Beisp. 7b).

**50. Selbsthemmung.** Umlaufgetriebe mit *positiver* Standgetriebe-Übersetzung
haben — wenn eine Mittelradwelle ruht — einen schlechteren Wirkungsgrad $\eta_U$
als solche mit *negativer*. Daher können besonders bei Getrieben mit $+ i_{I/II}$-Wert
und niedrigem Standgetriebe-Wirkungsgrad $\eta_0$ die Reibungswiderstände so groß
werden, daß die Verlustleistung gleich der Antriebsleistung wird und Selbsthemmung
eintritt. Solche Getriebe zeigen die gleichen Eigenschaften wie selbstsperrende
Schneckengetriebe, z. B. ein „Flaschenzug" mit Schneckenantrieb, bei dem zum
Lastablauf noch nachgeholfen werden muß. Umlaufgetriebe, die in einer Antriebs-
richtung den Wirkungsgrad $\eta_U = 0$ haben, also selbstsperrend sind, zeigen nach
Umkehr der Kraftflußrichtung den Wirkungsgrad $\eta_U > 0,5$ bzw. $\eta_U < 0,5$,
je nachdem Welle II oder Welle I festgehalten wird (Beispiele 10 und 11).

# IV. Berechnungsbeispiele

**51. Bestimmung der Abmessungen und Werkstoffe der Zähne an Zahnrädern
in Vorgelegen (Standgetrieben)**

**1. Beispiel.** Zum *Antrieb* einer *Werkzeugmaschine* ist ein *Stirnradpaar* zu berechnen. Zeitweise
hohe Beanspruchung durch Schruppen. Mittlere Stoßwirkung. $\alpha = 20°$. Nullräder.
Gegeben: $N_1 = 6$ PS; $z_1 = 24$; $z_2 = 72$; $i = 3$; $n_1 = 500$; $m = 4$ mm.
Annahmen: Ritzel aus Stahl 70.11; Rad aus Stahl 60.11. Ritzel fliegend gelagert.
Berechnung: Zahnbreite $b$ aus $m \geq b/15$, somit $b = 15\,m = 60$ mm.
$$d_1 = z_1\, m = 24 \cdot 4 = 96 \text{ [mm]}; \quad d_2 = i\, d_1 = 3 \cdot 96 = 288 \text{ [mm]}.$$
$$v_1 = d_1\, n_1/19100 = 2,513 \text{ [m/s]}; \text{ gewählt wird Qualität 8 (Tab. 6).}$$
*Nenn-Lastwert* $B = \dfrac{U}{b \cdot d_1} = \dfrac{75 \cdot N_1}{v_1} \cdot \dfrac{1}{b\, d_1} = \dfrac{75 \cdot 6}{2,513 \cdot 60 \cdot 96} = 0,0311 \text{ [kp/mm}^2\text{]}.$

Umfangskraft je mm Zahnbreite $u = U/b = B\, d_1 = 0,0311 \cdot 96 = 2,99$.
*Stoßbeiwert* $C_s = 1,25$ (Antrieb durch Elektromotor) Tab. 5.
Eingriffsteilungsfehler $f_e \leq g_e\,(3 + 0,3\ m + 0,2\ \sqrt{d_2}) = 2,8\,(3 + 1,2 + 0,2\ \sqrt{288}) = 21,3\,\mu$
Flankenrichtungsfehler $f_R \leq g_R\ \sqrt{b} = 1,6 \cdot 7,74 = 12,39\ \mu$ (Tab. 6).
Wirksamer Flankenrichtungsfehler nach Einlauf $f_{Rw} \approx 0,75\, f_R + g_K \cdot u \cdot C_s =$
$\approx 0,75 \cdot 12,39 + 0,3 \cdot 2,99 \cdot 1,25 = 10,42$.

*Dynamischer Beiwert CD* (Abb. 24).

Größter Fehler $f_e = 21{,}3$; damit wird die Lage der Parameterkurve im Diagramm (Abb. 24) bestimmt: $u\,C_S + 0{,}26\,f_e = 2{,}99 \cdot 1{,}25 + 0{,}26 \cdot 21{,}3 = 9{,}28$. Mit $v_1 = 2{,}513$ [m/s] wird $u_{\mathrm{dyn}} \approx 1{,}3$ abgelesen. $C_D = 1 + \dfrac{u_{\mathrm{dyn}}}{u\,C_S} = 1 + \dfrac{1{,}3}{2{,}99 \cdot 1{,}25} = 1{,}348 < \left(1 + 0{,}3 + \dfrac{f}{u\,C_s}\right) = 7$.

*Tragfehler-Beiwert $C_T$* (Abb. 25). Bei Stahl gegen Stahl ist $C_Z = 1$, somit $C_Z\,f_{Rw}/(u\,C_S\,C_D) = 1 \cdot 10{,}42/(2{,}99 \cdot 1{,}25 \cdot 1{,}348) = 2{,}07$. Aus Diagramm kann $C_T \approx 1{,}63$ abgelesen werden.

*Wirksamer Lastwert* $B_W = B\,C_S\,C_D\,C_T = 0{,}0311 \cdot 1{,}25 \cdot 1{,}348 \cdot 1{,}63 = 0{,}0855$.

Sicherheit gegen Grübchenbildung

*Ritzel:* $S_{G_1} = \dfrac{i}{i+1} \cdot \dfrac{k_{D1}}{y_{w1}\,B_w} = \dfrac{3}{4} \cdot \dfrac{0{,}633}{4{,}11 \cdot 0{,}0855} = 1{,}35$

$k_{D1} = y_g\,y_H\,y_{\ddot{o}l}\,y_v\,k_0$, wobei $k_0 = $ Dauerfestigkeit des Stahls $= 0{,}70$ [kp/mm²] (Tab. 9),

Beiwerte: $y_g = 1$ wegen Lauf von Stahl gegen Stahl,

$y_H = 1$, Härte $H = H_B$ der Tab. 12,

$y_{\ddot{o}l} = 1{,}2$, normale Beanspruchung, auch zeitweise hoch belastet $(v_1 = 2{,}5$ [m/s], 200 c St $\approx 26$ Engler; s. Tab. 10),

$$y_v = 0{,}7 + \frac{0{,}6}{1 + (8/v)^2} = 0{,}7 + \frac{0{,}6}{1 + (8/2{,}513)^2} = 0{,}754\ \mathrm{m/s},$$

$$k_{D1} = 1 \cdot 1 \cdot 1{,}2 \cdot 0{,}754 \cdot 0{,}7 = 0{,}633.$$

$y_{w_1} = y_c/y_\varepsilon = 3{,}11/y_\varepsilon$; $\quad y_\varepsilon = 1 - \dfrac{2\pi}{z_1\,\mathrm{tg}\,a}\left(1 - \varepsilon_{n1}\,\dfrac{\varepsilon_w}{\varepsilon_n}\right)$; berechne den $\varepsilon$-Wert mit (Abb. 30)

$$100\,\frac{h_{k_1}}{d_1} = 100\,\frac{4}{96} = 4{,}167;\ \varepsilon_{o1} = 0{,}79 = \varepsilon_{n1} \left.\rule{0pt}{20pt}\right\}$$
$$100\,\frac{h_{k_2}}{d_2} = 100\,\frac{4}{288} = 1{,}386;\ \varepsilon_{o2} = 0{,}91 = \varepsilon_{n_2} \quad \varepsilon_n = 1{,}7$$

$$\varepsilon_w = 1 + (\varepsilon_n - 1)\,\frac{m + v/4}{m + f_{\max}/6} = 1 + (1{,}7 - 1)\,\frac{4 + 2{,}513/4}{4 + 21{,}3/6} = 1{,}429 < 2{,}00$$

$$y_\varepsilon = 1 - \frac{6{,}28}{24 \cdot 0{,}364}\left(1 - 0{,}79\,\frac{1{,}429}{1{,}7}\right) = 1 - 0{,}72\,(1 - 0{,}664) = 0{,}758;\ y_{w_1} = 3{,}11/0{,}758 = 4{,}11$$

*Rad* $S_{G_2} = \dfrac{i}{i+1}\,\dfrac{k_{D1}}{y_{w_2}\,B_w} = \dfrac{3}{4} \cdot \dfrac{0{,}47}{3{,}11 \cdot 0{,}0855} = 1{,}32$,

$$k_D = y_g\,y_H\,y_{\ddot{o}l}\,y_v \cdot k_0 = 1 \cdot 1 \cdot 1{,}2 \cdot 0{,}754 \cdot 0{,}52 = 0{,}47;\ y_{u2} = 3{,}11.$$

Sicherheit gegen Zahnbruch

*Ritzel* $S_{B_1} = \dfrac{\sigma_{o1}}{z_1\,q_{w1}\,B_w} = \dfrac{24}{24 \cdot 1{,}8 \cdot 0{,}0855} = 6{,}5$ ($\sigma_{o1}$ nach Tab. 9 u. 13),

$q_{w1} = q_{K_1} \cdot q_{\varepsilon_1} = 2{,}68 \cdot 0{,}67 = 1{,}8$, wobei $q_{K_1}$ aus Abb. 32,

$$q_{\varepsilon_1} = 1{,}4/(\varepsilon_n + 0{,}4) = 1{,}4/(1{,}7 + 0{,}4) = 0{,}67\ \text{(Tab. 8)},$$

*Rad* $S_{G_2} = \dfrac{\sigma_{o2}}{z_1\,q_{w_2}\,B_w} = \dfrac{21}{24 \cdot 1{,}78 \cdot 0{,}0855} = 5{,}75$ ($\sigma_{o2}$ nach Tab. 9 u. 13),

$q_{w_2} = q_{K_2} \cdot q_{\varepsilon_2} = 2{,}33 \cdot 0{,}765 = 1{,}78$, wobei $q_{K_2}$ aus Abb. 32,

$$q_{\varepsilon_2} = 1{,}4/(\varepsilon_w + 0{,}4) = 1{,}4/(1{,}429 + 0{,}4) = 0{,}765\ \text{(Tab. 8)}.$$

**2. Beispiel.** *Stirnradgetriebe mit Schrägverzahnung, Dauergetriebe, Normalverzahnung*

*Gegeben:* $N_1 = 550\ \mathrm{PS}$; $i_{\mathrm{vorl}} = \dfrac{n_1}{n_2} = \dfrac{6000}{1500} = 4$; $\beta_0 = \alpha_{0n} = 20°$; $m_n = h_k = 5$ [mm].

*Abmessungen*: Kleinste Zähnezahl ohne Unterschnitt bei $\alpha_{0n} = \beta_0 = 20°$ ist $z_{min} = 14$ W.B. 47 Abb. 62). Wegen Dauergetriebe wird gewählt

$$z_1 = 20; \quad i = \frac{z_2}{z_1} = \frac{81}{20} = 4{,}05 = \frac{n_1}{n_2} = \frac{6000}{1481{,}\overline{5}},$$

$$d_{0_1} = z_1\, m_n/\cos\beta_0 = 20 \cdot 5/0{,}9397 = 106{,}42\ [\text{mm}]; \quad d_{0_2} = 81 \cdot 5/0{,}9397 = 431.$$

Achsabstand $a_0 = \dfrac{106{,}42 + 431}{2} = 268{,}71\ \text{mm}.$

Zähnezahlen des Ersatzstirnrades (nach Tab. 17 mit Verhältnis $(z_n/z)$ rechnen!)
$z_{n_1} = z_1/\cos^2\beta_g \cos\beta_0 = z_1\,(z_n/z) = 20 \cdot 1{,}187 = 23{,}74; \quad z_{n_2} = 81 \cdot 1{,}187 = 96{,}147.$
Überdeckungsgrad (Abb. 30) im Normal- bzw. Stirnschnitt, $\varepsilon_n$ bzw. $\varepsilon_s$.

$$100\,\frac{h_{k_1}}{d_{0n_1}} = \frac{100 \cdot 5}{d_{0_1}/\cos^2\beta_g} = \frac{500 \cdot 0{,}8967}{106{,}42} = 4{,}21; \quad 100\,\frac{h_{k_2}}{d_{0n_2}} = \frac{500 \cdot 0{,}8967}{431} = 1{,}04.$$

Ablesung für $4{,}21\ \varepsilon_{0_1} \approx 0{,}79;\ \varepsilon_{n_1} = \varepsilon_{0_1}\dfrac{h_{k_1}}{m_n} = \varepsilon_{0_1} = 0{,}79$

$\quad\quad\quad$ ,, $\quad\quad$ ,, $\ 1{,}04\ \varepsilon_{0_2} \approx 0{,}93;\ \varepsilon_{n_2} = \varepsilon_{0_2}\dfrac{h_{k_2}}{m_n} = \varepsilon_{0_2} = 0{,}93$ $\Bigg\}\ \varepsilon_n = 1{,}72,$

$$\varepsilon_s = \varepsilon_n \cos^2\beta_g = 1{,}72 \cdot 0{,}8967 = 1{,}54.$$

Sprungüberdeckung $\varepsilon_{sp} = b \sin\beta_0/m_n\,\pi = b \cdot 0{,}3420/15{,}7 = b \cdot 0{,}0218;$
Zahnbreite $b$ muß nach Abschn. 12 $\leq 1{,}2\,d_{0_1} \leq 1{,}2 \cdot 106{,}42 \leq 127{,}7\ [\text{mm}]$ und

$$\leq 30\,m_n \leq 30 \cdot 5 \leq 150\ [\text{mm}]\ \text{sein.}$$

Gewählt wird $b = 125\ \text{mm}$, damit wird $\varepsilon_{sp} = 0{,}0218 \cdot 125 = 2{,}72.$

Umfangsgeschwindigkeit $v = d_{0_1}\,n_1/19100 = 106{,}42 \cdot 6000/19100 = 33{,}43\ \text{m/s}.$

Umfangskraft $U = \dfrac{75\,N_1}{v} = \dfrac{75 \cdot 550}{33{,}43} = 1235\ \text{kp}; \quad u = \dfrac{U}{b} = \dfrac{1235}{125} = 9{,}88.$

*Nennlastwert* $B = \dfrac{U}{d_{0_1} \cdot b} = \dfrac{1235}{106{,}42 \cdot 125} = 0{,}0928\ \text{kp/mm}^2.$

*Stoßbeiwert* $C_S = 1{,}25$ (Tab. 5) Antrieb durch Turbine (Turbogebläse).

*Dynamischer Beiwert* $C_D$. Wegen $v = 33{,}43$ Qualität 5 (Tab. 6).

Eingriffsteilungsfehler $f_e = g_e\,(3 + 0{,}3\,\text{m} + 0{,}2\,\sqrt{d_{0\,2}}) = 1\,(3 + 1{,}5 + 0{,}2\,\sqrt{431}) = 8{,}652\,\mu.$

Flankenrichtungsfehler $f_R \leq g_R\,\sqrt{b} = 0{,}8\,\sqrt{125} = 8{,}94\,\mu.$

Wirksamer Flankenrichtungsfehler nach gutem Einlauf $f_{Rw} \approx 0{,}75\,f_R = 0{,}75 \cdot 8{,}94 = 6{,}7\,\mu.$
Daher größert Fehler $f_e = 8{,}65.$
Parameterkurve (Abb. 24): $u\,C_s + 0{,}26\,f_e = 9{,}88 \cdot 1{,}25 + 0{,}26 \cdot 8{,}65 = 14{,}6.$
Mit $v = 33{,}43\ \text{m/s}$ und Kurve 14,6 wird $u_{dyn} \approx 5{,}5$ geschätzt.

$$C_D = 1 + \frac{u_{dyn}}{u\,C_s(\varepsilon_{sp} + 1)} = 1 + \frac{5{,}5}{12{,}35 \cdot 3{,}72} = 1{,}12,$$

$$\text{muß} \leq 1 + \frac{0{,}3\,u\,C_S + f_e}{u\,C_s(\varepsilon_{sp} + 1)} = 1 + \frac{0{,}3 \cdot 12{,}35 + 8{,}65}{12{,}35\,(2{,}72 + 1)} = 1 + 0{,}269 = 1{,}269\ \text{sein.}$$

*Tragfehler-Beiwert* $C_T$ (Abb. 25).

Mit $C_Z\,f_{Rw}/u\,C_s\,C_D = 1 \cdot 6{,}7/9{,}88 \cdot 1{,}25 \cdot 1{,}13 = 0{,}48$ kann $C_T \approx 1{,}1$ abgelesen werden.

*Schrägverzahnungs-Beiwert* $C_\beta \approx 1{,}4/\varepsilon_s \approx 1{,}4/1{,}54 = 0{,}91$ (Abb. 26).

*Wirksamer Lastwert* $B_W = B\,C_S\,C_D\,C_T\,C_\beta = 0{,}0928 \cdot 1{,}25 \cdot 1{,}12 \cdot 1{,}1 \cdot 0{,}91 = 0{,}13.$

Werkstoffe: *Ritzel*, vergüteter Stahl 34 Cr 4 (Nr. 14, Tab. 9),
$\quad\quad\quad\quad\quad$ *Rad*, vergüteter Stahl 37 MnSi 5 (Nr. 15b, Tab. 9).

**Sicherheit gegen Grübchenbildung**

$$Ritzel:\quad S_{G_1} = \frac{i}{i+1}\,\frac{k_{D_1}}{y_{w_1}\,B_w}\,,$$

$$k_{D_1} = y_G\,y_H\,y_{\ddot{o}l}\,y_v\,k_0 = 1\cdot 1\cdot 0{,}75\cdot 1{,}268\cdot 0{,}8 = 0{,}76,\ \text{wobei}$$

$y_{\ddot{o}l} = 0{,}75\ (v = 33{,}4\ \text{m/},\ \text{dauernd beansprucht; Ölzähigkeit } 3\,\text{E} \approx 21\,\text{c St.)}\ \text{s. Tab. 10, 11}$

$$y_v = 0{,}7 + \frac{0{,}6}{1+(8/v)^2} = 0{,}7 + \frac{0{,}6}{1+(8/33{,}43)^2} = 1{,}268\ \text{(Tab. 12)}$$

$$\varepsilon_w = 1 + (\varepsilon_n - 1)\frac{m_n + v/4}{m_n + f_e/6} = 1 + (1{,}72 - 1)\frac{5 + 33{,}43/4}{5 + 8{,}65/6} = 2{,}49 \leqq 2\ \text{(Mit 2 weiterrechnen)}$$

$$y_\varepsilon = 1 - \frac{2\pi(1 - \varepsilon_{n1}\,\varepsilon_w/\varepsilon_n)}{z_{n1}\,\text{tg}\,\alpha_{0n}} = 1 - \frac{6{,}28\,(1 - 0{,}79\cdot 2/1{,}72)}{23{,}74\cdot 0{,}364} = 0{,}94\ \text{(Tab. 8)}$$

$$y_{w_1} = y_c\,y_\beta/y_\varepsilon = 3{,}11\cdot 0{,}856/0{,}94 = 2{,}83\ (y_\beta = \cos^4\beta_g/\cos\beta_0\ \text{aus Tab. 19)}$$

$$\text{somit}\quad S_{G_1} = \frac{i}{i+1}\,\frac{k_{D_1}}{y_{w_1}\,B_w} = \frac{4{,}05}{5{,}05}\,\frac{0{,}76}{2{,}83\cdot 0{,}13} = 1{,}66.$$

$$Rad:\quad k_{D_2} = y_g\,y_H\,y_{\ddot{o}l}\,y_v\,k_0 = 1\cdot 1\cdot 0{,}75\cdot 1{,}268\cdot 0{,}7 = 0{,}665,$$

$$y_{w_2} = y_c\,y_\beta = 3{,}11\cdot 0{,}856 = 2{,}66.$$

$$S_{G^*} = \frac{i}{i+1}\cdot\frac{k_{D_2}}{y_{w_2}\,B_w} = \frac{4{,}05}{5{,}05}\,\frac{0{,}665}{2{,}66\cdot 0{,}13} = 1{,}54.$$

**Sicherheit gegen Zahnbruch**

$$Ritzel:\ S_{B_1} = \frac{\sigma_{D_1}}{z_{n_1}\,q_{w_1}\,B_w} = \frac{30}{23{,}74\cdot 1{,}77\cdot 0{,}13} = 5{,}5,$$

$$\sigma_{D_1} = \sigma_{0_1} = 30,$$

$$q_{w_1} = q_{k_1}\cdot q_{\varepsilon_1} = 2{,}68\cdot 0{,}66 = 1{,}77\ (q_{k_1}\ \text{aus Abb. 32 über } z_{n1}),$$

$$q_{\varepsilon_1} = 1{,}4/(\varepsilon_n + 0{,}4) = 1{,}4/(1{,}72 + 0{,}4) = 0{,}66\,\text{(Tab. 8)}.$$

$$Rad:\ S_{B_2} = \frac{\sigma_{D_2}}{z_{n_2}\,q_{w_2}\,B_w} = \frac{31{,}5}{23{,}74\cdot 1{,}34\cdot 0{,}13} = 7{,}6,$$

$$\sigma_{D_2} = \sigma_{0_2} = 31{,}5,$$

$$q_{w_2} = q_{k_2}\cdot q_{\varepsilon_2} = 2{,}3\cdot 0{,}583 = 1{,}34\ (q_{K_2}\ \text{aus Abb. 32 über } z_{n2}),$$

$$q_{\varepsilon_2} = 1{,}4/(\varepsilon_W + 0{,}4) = 1{,}4/(2 + 0{,}4) = 0{,}583.\ \text{(Tab. 8.)}$$

**Sicherheit gegen übermäßige Erwärmung**

$$Ritzel:\,S_{T_1} = \frac{i}{i+1}\,\frac{10000}{n_1\,h_{k_1}}\Big/B_w = \frac{4{,}05}{5{,}05}\cdot\frac{10000}{6000\cdot 5\cdot 0{,}13} = 2{,}05.$$

**3. Beispiel.** *Kegelräder* für ein *Kranfahrwerk*

*Annahmen:* $N_1 = 20\ \text{PS}; z_1 = 20; z_2 = 54; i = 2{,}7; \delta = 90°; \alpha = 20°; n_1 = 270; n_2 = 100.$
Nullräder. Außenmodul $m = 10\ \text{mm}$.

Berechnung der *Hauptabmessungen*: (Abb. 43)

$$d_1 = m\,z_1 = 10\cdot 20 = 200\ \text{[mm]}; \quad d_2 = m\,z_2 = 10\cdot 54 = 540\ \text{[mm]}.$$

$$\text{tg}\,\delta_1 = \frac{z_1}{z_2} = \frac{1}{2{,}7} = 0{,}37037;\ \delta_1 = 20{,}3233°;\ \text{tg}\,\delta_2 = i = 2{,}7;\ \ \delta_2 = 69{,}677°.$$

$$R_a = \frac{d_1}{2\sin\delta_1} = \frac{100}{0{,}3473} = 287{,}9\ \text{[mm]}.$$

Nach Tab. 20 gilt für $i = 2{,}7$ ein Anhaltswert $f_b = 0{,}15 = \dfrac{b'}{2\,R_a}$ . Damit wird

$b' = 0{,}15 \cdot 2\,R_a = 0{,}3 \cdot 287{,}9 = 86{,}37$. Wird $b = 86$ [mm] angenommen, dann

$$f_b^{\text{wirkl}} = \frac{86}{2\,R_a} = 0{,}1494; \quad f_b^{\text{wirkl}} = \frac{1-f_b}{f_b} \cdot \frac{i}{i^2+1} = \frac{1-0{,}1494}{0{,}1494} \cdot \frac{2{,}7}{8{,}29} = 1{,}854.$$

$$d_{m_1} = d_1 - \frac{b}{\sqrt{i^2+1}} = 200 - \frac{86}{\sqrt{7{,}29+1}} = 170{,}1\ [\text{mm}].$$

$$d_{e m_1} = d_{m_1} \sqrt{\frac{i^2+1}{i^2}} = 170{,}1 \sqrt{\frac{8{,}29}{7{,}29}} = 170{,}1 \cdot 1{,}0664 = 181{,}4\ [\text{mm}],$$

$$d_{e m_2} = d_{e m_1} \cdot i^2 = 181{,}4 \cdot 7{,}29 = 1320\ [\text{mm}],$$

$$z_{e1} = z_1 \sqrt{\frac{i^2+1}{i^2}} = 20 \cdot 1{,}0664 = 21{,}3; \quad z_{e_2} = z_{e_1} \cdot i^2 = 21{,}3 \cdot 7{,}29 = 155{,}5,$$

$$m_m = d_{m_1}\, /z_1 = 8{,}5\ [\text{mm}]; \quad v = \frac{d_{m_1}\, n_1}{19100} = \frac{170{,}1 \cdot 270}{19100} = 2{,}404\ [\text{m/s}].$$

$$\text{Umfangskraft } U = \frac{1{,}43 \cdot 10^6 \cdot N_1}{d_{m_1}\, n_1} = \frac{1{,}43 \cdot 10^6 \cdot 20}{170{,}1 \cdot 270} = 623\ [\text{kp}],$$

*Nennlastwert* $B_e = \dfrac{U}{d_{e m_1}\, b} = \dfrac{623}{181{,}4 \cdot 86} = 0{,}0400\ [\text{kp/mm}^2] = \dfrac{1{,}43 \cdot 10^6 \cdot N_1}{d_{m_1}^3 \cdot n_1} \cdot f_d^{\text{wirkl}}.$

*Stoßbeiwert* $C_S = 1{,}25$; Antrieb durch Elektromotor (Tab. 5).

Wegen $v = 2{,}404$ [m/s] folgt aus Tab. 6 Qualität 8.

Umfangskraft je mm Zahnbreite $u = \dfrac{U}{b} = \dfrac{623}{86} = 7{,}244$.

Eingriffsteilungsfehler $f_e \leqq 2{,}8\,(3 + 0{,}3\,\text{m} + 0{,}2\,\sqrt{d_2}) = 2{,}8\,(3 + 3 + 0{,}2\,\sqrt{540}) = 29{,}8$.

Wirksamer Flankenrichtungsfehler nach Einlauf (Tab. 6)

$f_{R_w} = 0{,}75 \cdot f_R + g_k\, u\, C_s = 0{,}75\, g_R \sqrt{b} + g_k\, u\, C_s = 0{,}75 \cdot 1{,}6 \sqrt{86} + 1{,}2 \cdot 7{,}244 \cdot 1{,}25 = 22$.

Parameterkurve (Abb. 24) $u\, C_s + 0{,}26\, f_{\max} = 7{,}244 \cdot 1{,}25 + 0{,}26 \cdot 29{,}8 = 16{,}825$.

Ablesung aus Diagramm mit $v = 2{,}4$ [m/s] gibt $u_{\text{dyn}} \approx 1{,}8$.

*Dynamischer Beiwert* $C_D = 1 + \dfrac{u\,\text{dyn}}{u \cdot C_s} = 1 + \dfrac{1{,}8}{7{,}244 \cdot 1{,}25} \approx 1{,}2 \leqq 1 + \dfrac{0{,}3\, u\, C_s + f^{\max}}{u\, C_s} \approx 4{,}6.$

*Tragfehler Beiwert* $C_T$. Werkstoffe: Beide Räder aus Stahl 34 $Cr$ 4, vergütet (Tab. 9).

Aus Diagramm Abb. 25 wird mit $C_z \cdot f_{Rw}/(u\, C_s\, C_D) = 1 \cdot 22/(7{,}244 \cdot 1{,}25 \cdot 1{,}2) = 2{,}03$, $C_T = 1{,}63$ abgelesen.

*Wirksamer Lastwert* $B_w = B_e\, C_s\, C_D\, C_T = 0{,}040 \cdot 1{,}25 \cdot 1{,}2 \cdot 1{,}63 = 0{,}098$.

Sicherheit gegen Grübchenbildung $S_{G_1} = \dfrac{i_e}{i_e+1} \dfrac{k_{D_1}}{y_{w_1}\, B_w}$ .

$k_{D_1} = y_G\, y_H\, y_{\text{ol}}\, y_v\, k_0$. Beiwerte $y$ aus Tab. 12, $k_0$ aus Tab. 9.

$_{\text{öl}} = 1$; bei $v = 2{,}4$ [m/s] dauernd und zeitweise beansprucht; $14\,E \approx 106\, c$ St) s. Tab. 10 u. 11.

$$y_v = 0{,}7 + \frac{0{,}6}{1 + (8/v)^2} = 0{,}7 + \frac{0{,}6}{1 + (8/2{,}4)^2} = 0{,}7 + \frac{0{,}6}{1 + 3{,}33^2} = 0{,}75.$$

$k_{D_1} = 1 \cdot 1 \cdot 1 \cdot 0{,}75 \cdot 0{,}8 = 0{,}6; \quad i_e = i^2 = 2{,}7^2 = 7{,}29;$

$$y_\varepsilon = 1 - \frac{2\pi}{z_{e1}\, \text{tg}\, 20}\left(1 - \varepsilon_{n1}\, \frac{\varepsilon_w}{\varepsilon_n}\right); \quad \varepsilon\text{-Werte aus Diagramm Abb. 30.}$$

mit $100\, h_{k_1}/d_{em_1} = 100\,\dfrac{m_m}{181,4} = \dfrac{100 \cdot 8,5}{181,4} = 4,69$ für Ritzel,

mit $100\, h_{k_2}/d_{em_2} = 100\,\dfrac{m_m}{1320} = 0,644$ für Rad ablesen aus Abb. 30:

$$\left.\begin{array}{l} \varepsilon_{01} \approx 0,76; \quad \varepsilon_{n_1} = \varepsilon_{01}\dfrac{h_{k_1}}{m_m} = \varepsilon_{01} \cdot 1 = 0,76 \\[2ex] \varepsilon_{02} \approx 0,94; \quad \varepsilon_{n_2} = \varepsilon_{02}\dfrac{h_{k_2}}{m_m} = \varepsilon_{02} \cdot 1 = 0,94 \end{array}\right\} \varepsilon_{n_1} + \varepsilon_{n_2} = \varepsilon_n = 1,7;$$

$$\varepsilon_w = 1 + (\varepsilon_n - 1)\frac{m_m + v/4}{m_m + f/6} = 1 + (1,7 - 1)\frac{8,5 + 2,4/4}{8,5 + 29,8/6} = 1 + 0,7\,\frac{8,5 + 0,6}{8,5 + 5} \approx 1,474 \quad [(\text{S. }27).$$

$$y_{\varepsilon_1} = 1 - \frac{2\pi}{z_{e_1}\,\mathrm{tg}\,20}\left(1 - \varepsilon_{n_1}\frac{\varepsilon_w}{\varepsilon_n}\right) = 1 - \frac{6,28}{21,3 \cdot 0,364}\left(1 - 0,76\frac{1,474}{1,7}\right) = 0,723;$$

$$y_{w_1} = y_C/y_{\varepsilon_1} = 3,11/0,723 = 4,3; \quad y_{w_2} = y_C = 3,11.\ (\text{S. }27).$$

$$S_{G1} = \frac{i_e}{i_e + 1}\cdot\frac{k_{D1}}{y_{w_1}\,B_w} = \frac{7,29}{8,29}\cdot\frac{0,6}{4,3 \cdot 0,098} = 1,25.$$

$$S_{G2} = \frac{i_e}{i_e + 1}\cdot\frac{k_{D2}}{y_{w_2}\,B_w} = \frac{7,29}{8,29}\,\frac{0,6}{3,11 \cdot 0,098} = 1,73.$$

### Sicherheit gegen Zahnbruch

$$S_{B1} = \frac{\sigma_{D1}}{z_{e_1}\,q_{w_1}\,B_w} = \frac{30}{21,3 \cdot 1,83 \cdot 0,098} = 7,85\ (\sigma_{D_1}\ \text{nach Tab. 9 u. 13}).$$

$q_{w1} = q_{k1}\,q_{\varepsilon 1};\ q_{k1} = 2,74$ aus Diagramm Abb. 32 für $z_{e_1} = 21,3$.

$q_{\varepsilon_1} = 1,4/(\varepsilon_n + 0,4) = 1,4/(1,7 + 0,4) = 0,667$ (Tab. 8); $\quad q_{w_1} = 2,74 \cdot 0,667 = 1,83$.

$$S_{B2} = \frac{\sigma_{D2}}{z_{e_1}\,q_{w_2}\,B_w} = \frac{30}{21,3 \cdot 1,69 \cdot 0,098} = 8,5\ (\sigma_{D2}\ \text{nach Tab. 9 u. 13}).$$

$q_{w_2} = q_{k_2} \cdot q_{\varepsilon_2};\ q_{k_2} = 2,26$ aus Diagramm Abb. 32 für $z_{e2} = 155,5$.

$q_{\varepsilon_2} = 1,4/(\varepsilon_w + 0,4) = 1,4/(1,474 + 0,4) = 0,747$ (Tab. 8); $\quad q_{w_2} = 2,26 \cdot 0,747 = 1,69$.

**4. Beispiel.** *Schraubräder*

*Gegeben:* Zwei zylindrische schrägverzahnte Stirnräder kämmen mit Kreuzungswinkel $\delta = 90°$; $\alpha_n = 15°$; $m_n = 5$ mm. $\beta_1 = \beta_2 = 45° = \delta/2$; $i = 2$; $n_1 = 1000$.

*Annahmen:* Nach Abb. 62 (W.B. 47) bleibt bei $\beta_1 = 45°$ und $\alpha_n = 15°$: $z_1 = 12$ unterschnittfrei. $z_2 = 2 \cdot z_1 = 24$.

*Hauptabmessungen:* $d_1 = z_1\,m_n/\cos\beta_1 = 12 \cdot 5/0,70711 = 84,85$ [mm]

$$d_2 = i\,84,85 = 169,7\ \text{mm}. \quad v_1 = \frac{n_1 d_1}{19100} = \frac{84,85}{19,1} = 4,44\ [\text{m/s}] = v_2.$$

Wirksame Zahnbreite: $b' \leqq 7,5\,m_n \sin\beta \leqq 7,5 \cdot 5 \cdot 0,70711 \approx 26$ mm.
Ausgeführt wird $b = 35$ mm.

$$v_g = v_{t_1} + v_{t_2} = v_1 \sin\beta_1 + v_2 \sin\beta_2 = v_1\frac{\sin\delta}{\cos\beta_2} = v_2\frac{\sin\delta}{\cos\beta_1} = \frac{4,44}{0,70711} = 6,28\ [\text{m/s}].$$

Für gehärtete Stahlräder ist nach Tab. 21 die Belastungszahl

$$c = \frac{2}{2 + v_g} = \frac{2}{2 + 6,28} = 0,242\ [\text{kp/mm}^2]\ \text{und die}$$

*Übertragbare Leistung:* $N_1 \leqq \dfrac{d_1\,n_1\,b'\,t_n\,c}{1,432 \cdot 10^6} \leqq \dfrac{84,85 \cdot 1000 \cdot 26 \cdot 5\pi \cdot 0,242}{1,432 \cdot 10^6} \leqq 5,85$ PS.

*Zulässige* Leistung mit Rücksicht auf übermäßige Erwärmung und Verschleiß aus

Zahnverlustleistung: $N_{vz} = N_1'\dfrac{(i + 1)\,h_k}{7\,z_2 \cdot m} = N_1'\dfrac{3}{7 \cdot 24}\cdot 1 = N_1' \cdot 0,01785$.

Gleitverlustleistung: $N_{vg} = N_1' \dfrac{\mu(\operatorname{tg}\beta_1 + \operatorname{tg}\beta_2)}{1 + \mu\operatorname{tg}\beta_1)} = N_1' \dfrac{0,1 \cdot 2}{1 + 0,1} = N_1' \cdot 0,182,$

wenn Rad $1$ treibt und $\mu = 0,1$ ist.

$$N_{vz} + N_{vg} = N_1'(0,01785 + 0,182) = 0,19985\,N_1'.$$

Aus $d_1\,b' \geqq 10^3(N_{vz} + N_{vg})\,q_T\,S_T \geqq 10^3 \cdot 0,19985\,N_1'\,q_T\,S_T$ folgt mit $q_T = 2$ (Tab. 21) und vorläufig $S_T = 1$.

$$N_1' \leqq \frac{d_1\,b'}{199,85 \cdot 2 \cdot 1} \leqq \frac{84,85 \cdot 26}{199,85 \cdot 2} \leqq 5,5\ \text{PS}.$$

Das Getriebe kann mit $S_T = 1,1$ eine Leistung von $5,5/1,1 = 5$ PS übertragen.

**5. Beispiel.** *Schneckengetriebe. Nachprüfung*

*Gegeben:* $N_1 = 10$ PS; $n_1 = 1440$; $z_1 = 2$; $z_2 = 45$; $i = \dfrac{z_2}{z_1} = \dfrac{45}{2} = \dfrac{n_1}{n_2} = \dfrac{1440}{64} = 22,5.$

Stationäres Getriebe; Luftkühlung mit Gebläseflügel; konstante Belastung.

*Abmessungen: Schnecke* nach Schneckenrad-Fräser Firma *Renk*; zweifach rechtsgängig; Achsschnittmodul $m = 7,5$ [mm]; Eingriffswinkel im Achsschnitt $\alpha = 20°$; Trapezprofil im Achsschnitt. Werkstoff: 34 CrMo 4 vergütet.

Teilkreis-Mittendurchmesser $2r_1 = d_{m_1} = 72$ [mm] (Abb. 18),

Außendurchmesser $\qquad\qquad d_{k_1} = 72 + 2 \cdot 7,5 = 87\ $ [mm],

Kerndurchmesser $\qquad\qquad d_{f_1} = 72 - 2 \cdot 8,7 = 54,6$ [mm].

*Schneckenrad* $n_2 = \dfrac{n_1}{i} = 64.$   Werkstoff: Schleuderbronze CuSn.

Mittendurchmesser $\quad 2r_2 \qquad = d_{m_2} = z_2\,m = 45 \cdot 7,5 = 337,5$ [mm] (Abb. 18),

Zahnkopfdurchmesser $2(r_2 + m) = d_{k_2} = 337,5 + 2 \cdot 7,5 = 352,5$ [mm],

Zahnfußdurchmesser $\qquad\qquad d_{f_2} = 337,5 - 2 \cdot 8,7 = 320,1$ [mm],

Außendurchmesser $\quad 2(r_2 + k) = d_{a_2} = d_{k_2} + m \qquad = 360,0$ [mm],

Achsabstand $\qquad\qquad\qquad a = \dfrac{d_{m_1} + d_{m_2}}{2} = 204,75$ [mm].

*Berechnung* $U_z = \dfrac{1,43 \cdot 10^6 \cdot N_1}{d_{m_1}\,n_1} = \dfrac{1,43 \cdot 10^6 \cdot 10}{72 \cdot 1440} = 138$ [kp]

$$\operatorname{tg}\gamma_m = \frac{z_1\,t}{d_{m_1}\,\pi} = z_1\frac{m}{d_{m_1}} = 2\frac{7,5}{72} = 0,20833;$$

$\gamma_m = 11°\,46' = 11,766°$; $\cos\gamma_m = 0,97899$;

$\operatorname{tg}\alpha_n = \operatorname{tg}\alpha\cos\gamma_m = 0,364 \cdot 0,979 = 0,356$; $\alpha_n = 19°\,36' = 19,6°$.

$\operatorname{tg}\varrho = \mu = 0,03$ angenommen;

$\operatorname{tg}\varrho' = \mu' = \mu/\cos\alpha_n = 0,3/0,9421 = 0,03185$; $\varrho' = 1°\,50' = 1,833°$.

$\gamma_m + \varrho' = 11,766 + 1,833 = 13,6°$; $\operatorname{tg}(\gamma_m + \varrho') = 0,2419$.

*Wirkungsgrad* der Schraubung, wenn *Schnecke* treibt

$$\eta_s = \frac{\operatorname{tg}\gamma_m}{\operatorname{tg}(\gamma_m + \varrho')} = \frac{0,20833}{0,2419} = 0,863.$$

*Gesamtwirkungsgrad* des Getriebes ($\eta_{l_1}$, $\eta_{l_2}$ Wirkungsgrad der Lager)

$$\eta_g = \eta_s \cdot \eta_{l_1} \cdot \eta_{l_2} = 0,863 \cdot 0,98 = 0,846.$$

*Mittlere Gleitgeschwindigkeit*

$$v_g = v_1/\cos\gamma_m = \frac{d_{m_1}\,n_1}{19100 \cdot \cos\gamma_m} = \frac{72 \cdot 1440}{19100 \cdot 0,979} = 5,55\ \text{[m/s]}.$$

Ölzähigkeit: (Tab. 10 u. 11) Beanspruchung gleichmäßig, dauernd. $v_1 = 5,427$ [m/s], $7,5\ E \approx 57$ c St.

Sicherheit gegen übermäßige Erwärmung

Getriebe-*Verlustleistung* $N_v = N_1(1 - \eta_g) = N_1(1 - 0{,}846) = 10 \cdot 0{,}154 = 1{,}54$ [PS].

Vorhandene *Kühlleistung* durch Blasflügel: $N_{KL} \approx 0{,}48 \left(\dfrac{a}{100}\right)^{1{,}3} \cdot \left(1 + y_B \left(\dfrac{n_1}{1000}\right)^{1{,}55}\right)$

$= 0{,}48 \left(\dfrac{204{,}76}{100}\right)^{1{,}8} \cdot \left(1 + 0{,}355 \left(\dfrac{1440}{1000}\right)^{1{,}55}\right) = 0{,}48 \cdot 3{,}632 \cdot 1{,}625 = 2{,}84$ [PS].

*Temperatur-Grenzleistung* $N_{1\,T\,\text{grenz}} = \dfrac{N_{KL}}{1 - \eta_g} = \dfrac{2{,}84}{0{,}154} = 18{,}45$ [PS]. (s. Abschn. 37)·

$$S_T = \frac{N_{1\,T\,\text{grenz}}}{N_1} = \frac{N_{KL}}{N_1(1 - \eta_g)} = \frac{2{,}84}{10 \cdot 0{,}154} = 1{,}845.$$

Sicherheit gegen übermäßigen Flanken-Verschleiß. Überschlagsrechnung

$$S_F = \frac{k_{\text{zul}}\, d_{m_1} d_{m_2}}{U_2} \cdot q = \frac{0{,}195 \cdot 72 \cdot 337{,}5 \cdot 0{,}32}{560} = \underline{\underline{2{,}7}},$$

wobei $k_{\text{zul}} = \dfrac{3{,}93 \cdot k_{\text{grenz}}}{3{,}93 + v_g} = \dfrac{3{,}93 \cdot 0{,}47}{3{,}93 + 5{,}55} = \dfrac{1{,}847}{9{,}48} = 0{,}195,$

mit $k_{\text{grenz}} = 0{,}47$ nach Tab. 23 $\quad\rbrace\quad$ für Schnecke aus vergütetem Stahl,

und $q = 0{,}32$ (Tab. 24) $\quad$ für Rad aus CuSn Bronze.

und $U_2 = \dfrac{1{,}43 \cdot 10^6 \cdot N_1}{n_2 \cdot d_{m_2}}\, \eta_g = \dfrac{1{,}43 \cdot 10^6 \cdot 10}{64 \cdot 337{,}5}\, 0{,}846 = 560$ [kp].

Entsprechende Grenzleistung

$$N_{2\,\text{grenz}} = \frac{k_{\text{zul}}\, d_{m_1} d_{m_2}^2\, n_2\, q}{1{,}43 \cdot 10^6} = \frac{0{,}195 \cdot 72 \cdot 337{,}5^2 \cdot 64 \cdot 0{,}32}{1{,}43 \cdot 10^6} = 22{,}8\ [\text{PS}] = N_1\, \eta_g\, S_F =$$
$$= 10 \cdot 0{,}846 \cdot \underline{\underline{2{,}7}}.$$

Sicherheit gegen übermäßige Durchbiegung der Schneckenwelle
Lagermittenabstand der Welle

$l_1 \approx 1{,}5 \cdot a = 1{,}5 \cdot 204{,}75 \approx 300$ mm (Schnecke und Welle ein Stück)

Die Welle darf sich nicht mehr als $f_{\text{grenz}} \leqq \dfrac{d_{m_1}}{1000}$ [mm] durchbiegen.

*Durchbiegung* $f \approx \dfrac{P_1 \cdot l_1^3}{48 \cdot E \cdot J} = \dfrac{P_1\, l^3 \cdot 64}{48 \cdot 2{,}1 \cdot 10^4 \cdot d_f^4 \cdot \pi} = \dfrac{P_1\, l_1^3}{5 \cdot 10^4 \cdot d_{f_1}^4}$, wobei

$$P_1 = U_1 \sqrt{\left(\frac{\text{tg}\,\alpha}{\text{tg}\,\gamma\, m}\right)^2 + 1}\ \text{(Abschn. 37 c).}$$

*Sicherheit* $S_{BS} = \dfrac{f_{\text{grenz}}}{f} = \dfrac{d_{m_1} \cdot d_{f_1}^4 \cdot 5 \cdot 10^4}{1000 \cdot l_1^3 \cdot U_1 \sqrt{\left(\dfrac{\text{tg}\,\alpha}{\text{tg}\,\gamma\, m}\right)^2 + 1}} =$

$$= \frac{72 \cdot 54{,}6^4 \cdot 5 \cdot 10^4}{1000 \cdot 300^3 \cdot 138 \sqrt{\left(\dfrac{0{,}364}{0{,}2083}\right)^2 + 1}} = 4{,}27.$$

Sicherheit gegen Radzahnbruch. Überschlagsrechnung

$$S_{BR} = \frac{m_n\, \pi\, b\, C_{\text{grenz}}}{U_2} = \frac{m\, \pi\, b\, C_{\text{grenz}} \cos\gamma_m}{U_2} = \frac{7{,}5 \cdot \pi \cdot 58 \cdot 2{,}4 \cdot 0{,}979}{560} = 5{,}74,$$

wobei $b \approx 0{,}8\, d_{m_1} \approx 0{,}8 \cdot 72 \approx 58$ [mm] Abb. 18; $C_{\text{grenz}} = 2{,}4$ (Tab. 25).

## 52. Bestimmung der Drehzahlen, Drehmomente und Werkstoffe der Zahnräder in Umlaufgetrieben

**6. Beispiel.** Im *Umlaufgetriebe* Abb. 74, 75 treibt Welle I mit Rad *1* bei feststehendem Hohlrad *4*, also ruhender Welle II, das Armsystem *a*. Drehzahl $n_1 \equiv n_I = +\ 1500$; $N_1 = 20$ PS; $z_1 = 16$; $z_{2/3} = 24$; $z_4 = 64$. Das vorliegende dreirädrige Umlaufgetriebe entsteht aus dem allgemeinen vierrädrigen der Tab. 29 dadurch, daß $z_2 = z_3$ ist. Die Armdrehzahl $n_a$ wird mit der dort angegebenen Gleichung berechnet, die entsprechend der anderen Nummernfolge der Abb. 75 hier lautet:

$$n_I = n_a \left(1 + \frac{z_4}{z_1}\right) - n_{II}\,\frac{z_4}{z_1}\ ; \quad 1500 = n_a \left(1 + \frac{64}{16}\right) - 0; \quad n_a = \frac{1500 \cdot 15}{80} = 300.$$

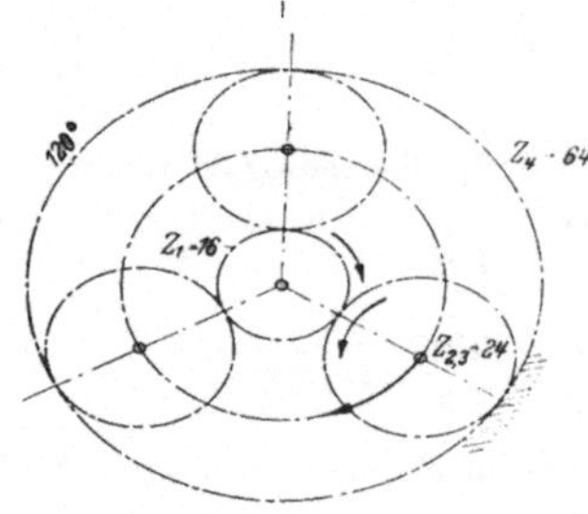

Abb. 74. Rechenbeispiel 6

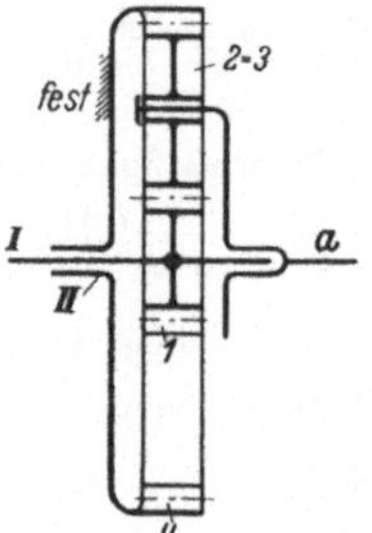


Abb. 75. Rechenbeispiel 6

*Antriebsdrehmoment* $M_I = 716{,}2\,\dfrac{N_1}{n_{II}} = 716{,}2\,\dfrac{20}{1500} = 9{,}549$ [mkp]. Aus Gl. (7) sind die Momente $M_{II}$ und $M_a$ zu bestimmen, wobei das negative Vorzeichen (Abb. 64) des Zähnezahlenverhältnisses $-i_{I/II} = -\dfrac{z_4}{z_1}$ zu beachten ist. Der Wirkungsgrad des Standgetriebes $(n_a=0)$ sei $\eta_0 = 0{,}96$. Das Vorzeichen des Exponenten $p$ ist positiv, weil außer dem Antriebsmoment $M_I\,n_1$ auch das Produkt $M_I(n_I - n_a) = 9{,}549(1500 - 300) = 11459{,}16$ positiv ist. Nach Gl. (4) wirkt auf Welle II ein Moment

$$M_{II} = -\,\frac{M_I(n_I - n_a)\,\eta_0}{n_{II} - n_a} = \frac{-\,11459{,}16 \cdot 0{,}96}{-\,300} = 36{,}669 \ [\text{mkp}],$$

das vom Getriebegehäuse aufgenommen wird. Aus Gl. (7) folgt das an das Armsystem abgegebene Moment

$$M_a = M_I\left(-i_{I/II} \cdot \eta_0 - 1\right) = 9{,}5493 \left(-\frac{z_4}{z_1} \cdot 0{,}96 - 1\right) = 9{,}5493\,(-4 \cdot 0{,}96 - 1) = -46{,}219 \ [\text{mkp}].$$

Aus

$$M_1\ n_I = +\ 9{,}5493 \cdot 1500 = 14323{,}9$$
$$M_{II}\ n_{II} = 0$$
$$M_a\ n_a = -\ 46{,}219 \cdot 300 = -13865{,}7$$

ergibt sich der günstige Wirkungsgrad des Umlaufgetriebes

$$\eta_{I/a} = \frac{13865{,}7}{14323{,}9} = 0{,}968.$$

An den Arm kann eine Leistung $N_a = N_1 \cdot 0{,}968 = 19{,}36$ [PS] abgegeben werden.

**Zahnräder-Maße und Sicherheiten**

*Gegeben:* $z_1 = 16$; $z_{2,3} = 24$; $z_4 = 64$; $n_1 = 1500$; $n_a = 300$; $\alpha_0 = 20°$; $N_1 = 20$ PS; $i_I = z_2/z_1 = 24/16 = 1{,}5$; $i_{II} = z_4/z_3 = 64/24 = 2{,}67$.

*Annahmen:* $m = 3$ [mm]; $b \leqq (15\cdots25)\,m = 45\cdots75$ [mm]; außerdem $b \leqq 1{,}2\,d_1 \approx 58$; gewählt wird $b = 54$ mm; starre Ritzelwelle, beiderseits gelagert; Normalverzahnung.

*Berechnung:* $d_1 = 16 \cdot 3 = 48$ [mm]; $d_2 = 24 \cdot 3 = 72$ [mm]; $d_4 = 64 \cdot 3 = 192$ [mm]. Umfangsgeschwindigkeit des Ritzels $v_1 = \dfrac{d_1\,n_1}{19100} = 3{,}77$ [m/s].

Wälzgeschwindigkeit des Umlaufrades am ruhendem Hohlrad $4$:

$$v_{2,4} = \frac{z_4 \, m \, \pi}{60 \cdot 1000} \, n_a = \frac{64 \cdot 3 \cdot \pi}{60\,000} \cdot 300 = 3{,}016 \; [\text{m/s}]\,.$$

Wälzgeschwindigkeit zwischen Ritzel und Umlaufrad:

$$v_{1,2} = \frac{z_1 \, m \, \pi}{60 \cdot 1000} \cdot (n_1 - n_a) = \frac{16 \cdot 3 \cdot \pi}{60\,000} \, (1500 - 300) = 3{,}016 \; [\text{m/s}]\,.$$

Umfangskraft $\quad U = \dfrac{75 \cdot N_1}{v_1} = \dfrac{75 \cdot 20}{3{,}77} = 397{,}8 \; [\text{kp}]. \; u = \dfrac{U}{b} = \dfrac{397{,}8}{54} = 7{,}37 \; [\text{kp/mm}]\,.$

*Nennlastwert* $\quad B = \dfrac{U}{d_1 \, b} = \dfrac{397{,}8}{48 \cdot 54} = 0{,}1535 \; [\text{kp/mm}^2]\,.$

Auf *eine* Zahneingriffsstelle wirkt ein *Nennlastwert* $B/3 = 0{,}0512 \; [\text{kp/mm}^2]$. Nach Tab. 6 ist bei $v = 3{,}016 \; [\text{m/s}]$ Qualität 8 maßgebend und

Eingriffsteilungsfehler $\qquad f_e = 2{,}8\left(3 + 0{,}3 \, m + 0{,}2 \, \sqrt{d_2} \right) = 2{,}8\left(3 + 0{,}9 + 0{,}2 \, \sqrt{72}\right)$
$$= 15{,}67 \; \mu\,,$$

Flankenrichtungsfehler $\qquad f_R \leqq 1{,}6 \, \sqrt{b} = 1{,}6 \, \sqrt{54} = 11{,}76 \; \mu\,.$

Wirksamer Flankenrichtungsfehler $f_{Rw} \approx 0{,}75 \, f_R + g_k \cdot u \cdot C_s = 0{,}75 \cdot 11{,}76 + 0{,}3 \cdot 7{,}37 \cdot 1 =$
$$= 11{,}031\,.$$

*Stoßwert* $C_s = 1$ nach Tab. 5. Antrieb durch Elektromotor.

*Dynamischer Beiwert* $C_D$. Berechnen des Parameters $(u \, C_s + 0{,}26 \, f_e)$ mit größtem $f_e$-Wert: $u \, C_s + 0{,}26 \, f_{e_{\max}} = 7{,}37 \cdot 1 + 0{,}26 \cdot 15{,}67 = 11{,}44$; damit kann mit $v = 3{,}016 \; \text{m/s}$ aus Abb. 24 zwischen Kurve *10* und *14* der Wert $u_{\text{dyn}} \approx 2$ abgelesen werden. Es ist

$$C_D = 1 + \frac{u_{\text{dyn}}}{u \cdot C_s} = 1 + \frac{2}{7{,}37 \cdot 1} = 1{,}27 \leqq 1 + \frac{0{,}3 \, u \, C_s + 1}{v \, C_s} = 1 + \frac{0{,}3 \cdot 7{,}37 \cdot 1 + 1}{7{,}37 \cdot 1} = 1{,}436\,.$$

*Tragfehlerbeiwert* $C_T$ (Abb. 25).

$C_z \, f_{Rw}/u \, C_s \, C_D = 1 \cdot 11{,}031/7{,}37 \cdot 1{,}27 = 1{,}1745$. Aus Diagramm kann $C_T \approx 1{,}28$ abgelesen werden, mit $C_z = 1$ für Paarung Stahl gegen Stahl.

*Wirksamer Lastwert* $B_w = B \cdot C_s \cdot C_D \cdot C_T = 0{,}0512 \cdot 1 \cdot 1{,}27 \cdot 1{,}28 = 0{,}0832\,.$

**Sicherheit gegen Grübchenbildung**

*Radpaar* $16/24 = z_1/z_2, \qquad S_{G_1} = \dfrac{i_{\mathrm{I}}}{i_{\mathrm{I}} + 1} \dfrac{k_{D_1}}{y_{w_1}} \dfrac{}{B_w}\,.$

*Ritzel* aus 34 Cr 4; $\quad k_{D_1} = y_G \, y_H \, y_{\text{ol}} \, y_v \, k_0 = 1 \cdot 1 \cdot 1{,}2 \cdot 0{,}775 \cdot 0{,}8 = 0{,}744 \; [\text{kp/mm}^2]\,.$

$y_G = 1$, weil Lauf von Stahl gegen Stahl,

$y_H = 1$, Härte $H_B$ des Werkstoffes wie Tafelwert 260 (Tab. 9),

$y_{\text{öl}} = 1{,}2$ ($v = 3{,}0 \; [\text{m/s}]$; zeitweise voll belastet; 26 E $\approx$ 200 cSt. (s. Tab. 10),

$$y_v = 0{,}7 + \frac{0{,}6}{1 + (8/v)^2} = 0{,}7 + \frac{0{,}6}{1 + (8/3{,}016)^2} = 0{,}775 \; (\text{Tab. 12})\,.$$

Weitere Beiwerte sind durch die **Profilüberdeckungswerte** $\varepsilon$ des Getriebes aus Diagramm Abb. 30 zu ermitteln. Mit $h_k = m = 3$ ergibt sich mit

$$\left.\begin{array}{l} 100 \cdot h_{k_1}/d_1 = 100 \cdot 3/48 = 6{,}25 \; \text{ein} \; \varepsilon_{0_1} = 0{,}74 = \varepsilon_{n_1} \\[4pt] 100 \cdot h_{k_2}/d_2 = 100 \cdot 3/72 = 4{,}16 \; \text{ein} \; \varepsilon_{0_2} = 0{,}78 = \varepsilon_{n_2} \end{array}\right\} \; \varepsilon_n = 1{,}52\,.$$

$$\varepsilon_w = 1 + (\varepsilon_n - 1)\frac{m + v/4}{m + f/6} = 1 + (1{,}52 - 1)\frac{3 + 3{,}016/4}{3 + 15{,}67/6} = 1{,}3476 \quad (\text{Tab. 8}),$$

$$y_\varepsilon = 1 - \frac{2 \, \pi}{z_1 \, \text{tg} \, 20°}\left(1 - \varepsilon_{n1} \frac{\varepsilon_w}{\varepsilon_n}\right) = 1 - \frac{6{,}28}{16 \cdot 0{,}364}\left(1 - 0{,}74 \, \frac{1{,}3476}{1{,}52}\right) = 0{,}6287 \, (\text{Tab. 8})\,.$$

$y_{w_1} = y_c/y_\varepsilon = 3{,}11/0{,}6287 = 4{,}95\,,$

$$S_{G_1} = \frac{i_I}{i_I + 1} \cdot \frac{k_{D_1}}{y_{w_1} \cdot B_w} = \frac{1,5}{2,5} \cdot \frac{0,744}{4,95 \cdot 0,0832} = 1,082 \ (\text{Ritzel}),$$

$$S_{G_2} = \frac{i_I}{i_I + 1} \cdot \frac{k_{D_2}}{y_{w_2} \cdot B_w} = \frac{1,5}{2,5} \cdot \frac{0,651}{0,311 \cdot 0,0832} = 1,515 \ (\text{Umlaufrad}).$$

*Umlaufrad* aus 37 MnSi 5 (N 15 b) $k_{D_2} = y_G \cdot y_H \cdot y_{\ddot{o}l} \cdot y_v \cdot k_0 = 1 \cdot 1 \cdot 1,2 \cdot 0,775 \cdot 0,7 = 0,651$,
$$y_{w_2} = y_C = 0,311.$$

Die für Ritzel errechnete Sicherheit $S_{G_1} = 1,082$ genügt nicht (B/3 je Zahneingriff unsicher). Durch Weichnitrieren des gleichen Stahles kann die Dauerwälzfestigkeit auf $k_D = 2,4$ [kp/mm²] und die Zahnfußdauerfestigkeit auf $\sigma_D = 40$ [kp/mm²] erhöht werden[1]. Damit

$$S'_{G_1} = \frac{1,5}{2,5} \cdot \frac{2,4}{4,95 \cdot 0,0832} = 3,5.$$

## Sicherheit gegen Zahnbruch

*Ritzel* aus 34 Cr 4 vorerst nur vergütet                                   jetzt weichnitriert

$$S_{B_1} = \frac{\sigma_{D_1}}{z_1 \, q_{w_1} \, B_w} = \frac{30}{16 \cdot 2,187 \cdot 0,0832} = 10,3 \qquad = \frac{40}{16 \cdot 2,187 \cdot 0,0832} = 13,75$$

$$\sigma_{D_1} = \sigma_0 = 30 \ [\text{kp/mm}^2]$$

$$q_{w_1} = q_{k_1} \cdot q_{\varepsilon_1} = 3 \cdot 0,729 = 2,187 \qquad q_{k_1} = 3 \text{ aus Abb. 32.}$$

$$q_{\varepsilon_1} = 1,4/(\varepsilon_n + 0,4) = 1,4/(1,52 + 0,4) = 0,729 \ (\text{Tab. 8}).$$

*Umlaufrad* aus 37 MnSi 5 (No 15 b) vergütet.

$$S_{B_2} = \frac{\sigma_{D_2}}{z_1 \, q_{w_2} \, B_w} = \frac{22,05}{16 \cdot 2,13 \cdot 0,0832} = 7,78.$$

$$\sigma_{D_2} = 0,7 \cdot \sigma_0 = 0,7 \cdot 31,5 = 22,05 \ [\text{kp/mm}^2] \ (\text{Zwischenrad, Wechsellast!}).$$

$$q_{w_2} = q_{k_2} \cdot q_{\varepsilon_2} = 2,66 \cdot 0,802 = 2,13. \qquad q_{k_2} = 266 \text{ aus Abb. 32.}$$

$$q_{\varepsilon_2} = 1,4/(\varepsilon_w + 0,4) = 1,4/(1,3476 + 0,4) = 0,802 \ (\text{Tab. 8}).$$

## Sicherheit gegen Grübchenbildung

*Radpaar* 24/64 $= z_3/z_4$. $\quad S_{G_3} = \dfrac{i_{II}}{i_{II} + 1} \cdot \dfrac{k_{D_3}}{y_{w_3} \, B_w}$ .

*Umlaufrad* aus 37 MnSi 5 vergütet. Aus Diagramm Abb. 30 ergibt sich mit

$$100 \cdot \frac{h_{k_3}}{d_3} = 100 \cdot \frac{3}{24 \cdot 3} = 4,166 \text{ ein } \varepsilon_{0_3} = 0,79 = \varepsilon_{n_3} \ \Big\rbrace$$
$$\text{Hohlrad} \quad 100 \cdot \frac{h_{k_4}}{d_4} = 100 \cdot \frac{3}{64 \cdot 3} = 1,5625 \text{ ein } \varepsilon_{0_3} = 1,18 = \varepsilon_{n_4} \ \Big\rbrace \qquad \varepsilon_n = 1,97.$$

$$\varepsilon_w = 1 + (\varepsilon_n - 1)\frac{m + v/4}{m + f/6} = 1 + (1,97 - 1)\frac{3 + 3,016/4}{3 + 15,67/6} = 1 + 0,97 \cdot \frac{3,75}{5,61} = 1,65 \quad (\text{Tab. 8}).$$

$$y_\varepsilon = 1 - \frac{2\,\pi}{24 \cdot 0,364}\left(1 - \varepsilon_{n_3}\frac{\varepsilon_w}{\varepsilon_n}\right) = 1 - \frac{6,28}{24 \cdot 0,364}\left(1 - 0,79\frac{1,65}{1,97}\right) = 0,758 \ (\text{Tab. 8}).$$

$$y_{W_3} = y_c/y_\varepsilon = 3,11/0,758 = 4,11.$$

$$S_{G_3} = \frac{i_{II}}{i_{II} + 1} \cdot \frac{k_{D_3}}{y_{W_3} \cdot B_w} = \frac{2,67 \cdot 0,651}{3,67 \cdot 4,11 \cdot 0,0832} = 1,385 \ (\text{Umlaufrad}), \ S_{G_2} = 1,515$$

$$k_{D_3} = y_G \, y_H \, y_{\ddot{o}l} \, y_v \, k_0 = 1 \cdot 1 \cdot 1,2 \cdot 0,775 \cdot 0,7 = 0,651,$$

$$S_{G_4} = \frac{i_{II}}{i_{II} + 1} \cdot \frac{k_{D_3}}{y_{w_4} \cdot B_w} = \frac{2,67 \cdot 0,51}{3,67 \cdot 3,11 \cdot 0,0832} = 1,435 \ (\text{Hohlrad, aus 37 MnSi 5 Nr. 15a})$$

$$k_{D_4} = y_G \, y_H \, y_{\ddot{o}l} \, y_v \cdot k_0 = 1 \cdot 1 \cdot 1,2 \cdot 0,775 \cdot 0,55 = 0,51; \ y_{w_4} = y_C = 3,11.$$

---

[1] Nach Versuchen der FZG, Technische Hochschule München mit Stahl 34 Cr 4 (siehe NIEMANN, Maschinenelemente Bd. II, S. 42).

Die errechneten Sicherheitswerte gegen Grübchenbildung des Hohlrades und der stark beanspruchten Umlaufräder genügen vollauf. Die Flankentragfähigkeit der Umlaufräder kann durch die Weichnitrierung des Ritzels noch erhöht werden[1].

Sicherheit gegen Zahnbruch

*Umlaufrad* aus 37 MnSi 5 Nr. 15b vergütet

$$S_{B_3} = \frac{\sigma_{D_3}}{z_3\, q_{w_3}\, B_w} = \frac{22{,}05}{24 \cdot 1{,}57 \cdot 0{,}0832} = 10, \text{ treibend gegen Hohlrad.}$$

$$\sigma_{D_3} = \sigma_{D_2} = 0{,}7 \cdot \sigma_0 = 0{,}7 \cdot 31{,}5 = 22{,}05 \text{ (Zwischenrad, Wechsellast Tab. 13),}$$

$$q_{w_3} = q_{k_3} \cdot q_{\varepsilon_3} = q_{k_2} \cdot q_{\varepsilon_3} = 2{,}66 \cdot 0{,}59 = 1{,}57,$$

$$q_{\varepsilon_3} = 1{,}4/(\varepsilon_n + 0{,}4) = 1{,}4/(1{,}97 + 0{,}4) = 0{,}59 \text{ (Tab. 8),}$$

$$z_3 = z_2 = 24.$$

Das *Hohlrad* braucht gegen Zahnbruch nicht geprüft zu werden, da es stärkere Zähne und bessere Ausrundung im Zahnfuß-Querschnitt hat.

**7. Beispiel.** *Umlaufgetriebe*

Gegeben: Übersetzungsverhältnis des Standgetriebes: $\dfrac{z_1 z_3}{z_2 z_4} = \dfrac{n'_{II}}{n'_I} = i_{II/I} = +3.$

Wirkungsgrad des Standgetriebes: $\varepsilon_{II/I} = \eta_0 = 9/10$, wenn Welle I treibt.

Zeichnen des *Sinnbildes* mit $i_{II/I} = +3/1 = +3$ für $\eta_0 = 1$.

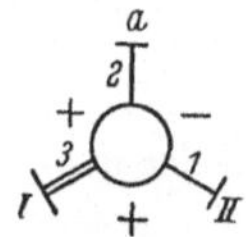

An Welle I Ziffer 3, an Welle II Ziffer 1 und dazwischen das Pluszeichen eintragen. Nur Welle I kann Summenwelle sein und muß auch links das +-Zeichen bekommen. Welle *a* erhält als Differenzwelle die Ziffer 2 und schließt mit Welle II nach SWAMP (Abschn. 45) das —-Zeichen ein.

*Betriebsfall a).* Armwelle *a* ruht; Standgetriebe; Welle I treibt, Abtrieb nach Welle II. $M_I = 60$; $n_I = 60$; $\eta_0 = 9/10$.

Aus Sinnbild: $n_{II} = n_I \cdot i_{II/I} = 60 \cdot 3/1 = 180.$

Nach Gl. (9) ist $M_{II} = -\varepsilon_{II/I} \cdot M_I \cdot i_{I/II} = -9/10 \cdot 60 \cdot 1/3 = -18.$

Abb. 76

$M_I\, n_I = 60 \cdot 60 = 3600.$

$M_{II}\, n_{II} = -18 \cdot 180 = 3240.$
$\qquad$ Wirkungsgrad $\eta_U = \eta_0 = \dfrac{3240}{3600} = 9/10.$

*Betriebsfall b).* Welle II ruht. Welle I treibt, Abtrieb nach Welle *a*; $M_I = 60$; $n_I = 60$.

Aus Sinnbild: $n_a = n_I \cdot i_{a/I} = 60 \cdot 3/2 = 90$; $M_I n_I = +3600$, Welle I treibt absolut.

$M_I(n_I - n_a) = 60(60 - 90) = + \cdot -$, Welle I relativ getrieben: Gegenstromübersetzung.

Gleiches zeigt $i_{I/a} = 2/3$ (*im* Bereich $0 \cdots 1$); nach Regel (11) ist $\varepsilon_{II/I} = 1/\eta_0 > 1$

$M_{II} = -\varepsilon_{II/I} \cdot M_I \cdot i_{I/II} = -10/9 \cdot 60 \cdot 1/3 = -200/9$; $M_a = -M_I - M_{II} = -340/9.$

$M_I\, n_I = 60 \cdot 60 = 3600.$

$M_a\, n_a = -340/9 \cdot 90 = -3400.$
$\qquad$ Wirkungsgrad $\eta_U = \dfrac{3400}{3600} = \dfrac{17}{18} = 0{,}944.$

*Betriebsfall c).* Welle I ruht. Welle *a* treibt, Abtrieb nach Welle II; $M_a = 40$; $n_a = 40$.

Aus Sinnbild: $n_{II} = n_a \cdot i_{II/a} = 40(-2) = -80$; $i_{II/a} = -2$ (*außer* Bereich $0 \cdots 1$), daher Gleichstromübersetzung, nach Regel (10) gilt für absolut getriebene Welle II.

$\varepsilon_{II/I} < 1 = \eta_0 = 9/10$; $M_{II} = -\varepsilon_{II/I} \cdot M_I \cdot i_{I/II} = -9/10 \cdot M_I \cdot 1/3 = -3/10\, M_I.$

$M_a = 40 = -M_I - M_{II} = 10/3\, M_{II} - M_{II} = 7/3\, M_{II}$; $M_{II} = \dfrac{120}{7}.$

$M_a\, n_a = 40 \cdot 40 = 1600.$
$\qquad$ Wirkungsgrad $\eta_U = \dfrac{9600}{1600 \cdot 7} = 6/7 = 0{,}857.$

$M_{II} \cdot n_{II} = -\dfrac{120}{7} \cdot 80 = -\dfrac{9600}{7}.$

---

[1] Versuche der FZG, Technische Hochschule München mit Stahl 37 MnSi 5 (s. NIEMANN, Maschinenelemente Bd. II, S. 90).

*Betriebsfall d)*. Alle drei Wellen laufen. Welle I treibt. $M_I = 60$; $n_I = 60$; $n_a = 40$.

Bei Bauart Abb. 52, 62 folgt nach Gleichung (1): $r_1 r_3 / r_2 r_4 = i_{II/I}$, aus Sinnbild $i_{II/I} = +3$. Nach Tab. 28 wird Drehzahl $n_{II} = n_a(1-3) + 60 \cdot 3 = -80 + 180 = 100$.

$M_I n_I = 60 \cdot 60 = 3600$; $M_I(n_I - n_a) = 60(60-40) = + \cdot +$; Gleichstromübersetzung

$M_{II} = -\varepsilon_{II/I} \cdot M_I \cdot i_{I/II} = -9/10 \cdot 60 \cdot 1/3 = -18$; $M_a = -M_I - M_{II} = -42$.

$L_{II} = M_{II} n_{II} = -18 \cdot 100 = -1800$.

$L_a = M_a n_a = -42 \cdot 40 = -1680$.

Wirkungsgrad $\eta_U = \dfrac{L_{II} + L_a}{L_I} = \dfrac{3480}{3600} = \dfrac{29}{30} = 0{,}967$,

wenn sowohl $L_{II}$ wie $L_a$ voll verwertet werden.

### 8. Beispiel. *Leistungsteilung*

Gegeben: *Sinnbild*. Antrieb durch $M_I = 4$; $n_I = 11$; $n_{II} = 0$; $i_{I/a} = 11/4$; $\eta_0 = 0{,}9$.

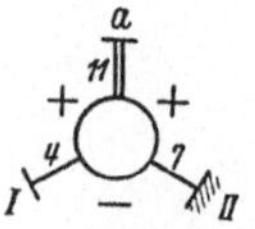

$$n_a = n_I \cdot i_{a/I} = 11 \cdot 4/11 = 4.$$

Wälzleistung: $L_w = M_I(n_I - n_a) = 4(11-4) = + \cdot + = 28$

$M_I$ treibt absolut und relativ, daher *Gleichstromübersetzung*. Das gleiche zeigt das Drehzahlverhältnis $i_{I/a} = +11/7$, es liegt (*außer* Bereich $0 \cdots 1$) und verlangt nach Regel (10) ein

Abb. 77

Leistungsverhältnis $\varepsilon_{II/I} = \eta_0 = 9/10$.

Momente: Nach Gl. (9) ist $M_{II} = -\varepsilon_{II/I} M_I i_{I/II} = -9/10 \cdot 4 \cdot (-7/4) = 6{,}3$.

$$M_a = -M_I - M_{II} = -4 - 6{,}3 = -10{,}3.$$

Wegen des negativen Wertes der Standgetriebe-Übersetzung $i_{II/I} = -4/7$ muß eine Bauart nach Abb. 53, Tab. 29 oder nach Abb. 63, 64 gewählt werden.

Kontrolle: $M_I + M_{II} + M_a = 4 + 6{,}3 - 10{,}3 = 0$.

Leistungen: $L_I = M_I n_I = 4 \cdot 11 = 44$,

$L_a = M_a n_a = -10{,}3 \cdot 4 = -41{,}2$,

$L_w = M_I(n_I - n_a) = 28$,

$L_k = M_I \cdot n_a = 4 \cdot 4 = 16$.

Wirkungsgrad des Umlaufgetriebes: $\eta_U = \left|\dfrac{L_a}{L_I}\right| = \dfrac{41{,}2}{44} = 0{,}936 > \eta_0$ (weil $L_w$ klein ist).

Bilanz: Eingeführte äußere Leistung: $L_I = +44$,

Gesamte innere Leistung $\begin{cases} \text{Wälzleistung:} & L_w = +28, \\ \text{Kupplungsleistung:} & L_k = +16, \end{cases}$

Verwertbare Leistung $= 28 + 16 = 44$.

Nach außen kann nur $L_a = 44 \cdot \eta_U = 44 \cdot 0{,}936 = 41{,}2$ abgegeben werden. Es herrscht *Leistungsteilung*, weil $M_{max}$ an der Armwelle durch $M_a = -10{,}3$ wirkt.

### 9. Beispiel. *Blindleistung*

Gegeben: *Sinnbild*. Antrieb durch $M_I = 11$; $n_I = 4$; $n_{II} = 0$; $i_{I/a} = \dfrac{4}{11}$; $\eta_0 = 0{,}9$.

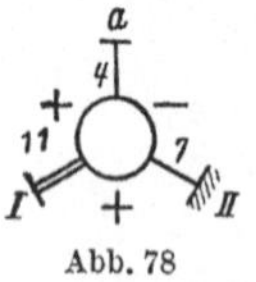

$$n_a = n_I \cdot i_{a/I} = 4 \cdot \frac{11}{4} = 11.$$

Wälzleistung: $L_w = M_I(n_I - n_a) = 11(4-11) = + \cdot - = -77$. $M_I$ treibt absolut, wird aber relativ getrieben; es besteht eine *Gegenstromübersetzung*, weil $i_{I/a} = 4/11$ (*im* Bereich $0 \cdots 1$) liegt und nach Regel (11) ein Leistungsverhältnis $\varepsilon_{II/I} = 1/\eta_0 > 1$ verlangt. Wegen der positiven Standgetriebe-Übersetzung $i_{II/I} = 11/7$ kann ein Getriebe nach Tab. 28, Abb. 52 oder Abb. 62, 65 ausgeführt werden.

Abb. 78

Momente: Nach Gl. (9) ist: $M_{II} = -\,\varepsilon_{II/I}\,M_I\,i_{I/II} = -\,\dfrac{10}{9}\cdot 11\cdot\dfrac{7}{11} = -\,70/9.$

$$M_a = -\,M_I - M_{II} = -\,11 + 70/9 = -\,29/9.$$

Kontrolle: $M_I + M_{II} + M_a = 11 - \dfrac{70}{9} - \dfrac{29}{9} = 0.$

Leistungen: $L_I = M_I\,n_I = 11\cdot 4 = 44,$

$$L_a = M_a\,n_a = -\,\frac{29}{9}\cdot 11 = -\,35{,}44,$$

$$L_W = M_I(n_I - n_a) = -\,77,$$

$$L_k = M_I\cdot n_a = 11\cdot 11 = +\,121.$$

Wirkungsgrad des Umlaufgetriebes: $\eta_U = \left|\dfrac{L_a}{L_I}\right| = \dfrac{29\cdot 11}{9\cdot 44} = \dfrac{29}{36} = 0{,}8055 < \eta_0$ (weil $L_w$ groß ist).

Bilanz: Eingeführte äußere Leistung: $\qquad\qquad L_I = +\,44,$

Gesamte innere Leistung $\begin{cases} \text{Wälzleistung} \qquad L_w = -\,77\;\textit{Blindleistung,} \\[4pt] \text{Kupplungsleistung}\;\; L_k = +\,121, \end{cases}$

$\overline{\text{Verwertbare Leistung} = 121 - 77 = 44.}$

Nach außen kann nur abgegeben werden $L = 44\cdot\eta_U = 44\cdot 0{,}8055 = 35{,}44$. Es herrscht *Blindleistung*, weil weder $L_w < L_I$ und $M_{\max}$ an Armscheibe noch $M_{\min}$ an ruhender Welle dreht.

**10. Beispiel.** Umlaufgetriebe mit *Selbsthemmung*

a) Gegeben: *Sinnbild*. Welle I treibt. $M_I = 5$; $n_I = 1$; $n_{II} = 0$.

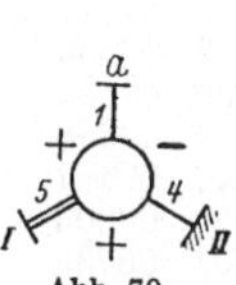

$n_a = n_I\cdot i_{a/I} = 5$; $M_I(n_I - n_a) = 5\,(1 - 5) = -\,20$; Welle I wird relativ getrieben, daher Gegenstromübersetzung. Gleiches zeigt $i_{I/a} = \dfrac{1}{5}$, liegt (*im* Bereich $0°\cdots 1$). Nach Regel (11) gilt der Kehrwert $1/\eta_0$ des Wirkungsgrades bzw. das Leistungsverhältnis $\varepsilon_{II/I} = 1/\eta_0 > 1$. Selbsthemmung beginnt, wenn die Antriebsleistung $L_I$ nur den Leistungsverlust $L_V$ des Standgetriebes decken kann. Mit Wälzleistung $L_W$ ist:

Abb. 79

$$L_V = L_W - \eta_{II/I}\,L_W = L_W(1 - \varepsilon_{II/I}) = L_I;\quad (1 - \varepsilon_{II/I}) = \frac{L_I}{L_W} = \frac{M_I\,n_I}{M_I(n_I - n_a)} = \frac{5\cdot 1}{5\,(1-5)} = -\,\frac{1}{4}$$

D. h. bei $\varepsilon_{II/I} = \dfrac{1}{4} + 1 = 5/4 = \dfrac{1}{\eta_0} = \dfrac{1}{0{,}8}$ tritt Selbsthemmung auf.

Kontrolle mit Gl. (9) $M_{II} = -\,\varepsilon_{II/I}\,M_I\,i_{I/II} = -\,5/4\cdot 5\cdot 4/5 = -\,5.$

$$M_a = -\,M_I - M_{II} = -\,5 + 5 = 0; \qquad \eta_u = \frac{L_a}{L_I} = \frac{M_a\,n_a}{M_I\,n_I} = 0.$$

b) *Umkehr der Kraftflußrichtung*

Gegeben: Welle $a$ treibt. $M_a = 1$; $n_a = 5$; $n_{II} = 0$; hier gilt $\eta_0 = 0{,}8$.

Aus Gl. (7) folgt: $M_I = M_a\cdot\dfrac{1}{\eta_0/i_{II/I} - 1} = 1\,\dfrac{1}{\dfrac{8}{10}\cdot\dfrac{4}{5} - 1} = \dfrac{50}{32 - 50} = -\,\dfrac{25}{9}.$

Erreichter Wirkungsgrad $\eta_0 = \left|\dfrac{M_I\,n_I}{M_a\cdot n_a}\right| = \dfrac{25\cdot 1}{9\cdot 1\cdot 5} = \dfrac{5}{9} = 0{,}556 > 0{,}5.$

**11. Beispiel.** Umlaufgetriebe mit *Selbsthemmung*

a) Gegeben: *Sinnbild*. Welle II treibt. $M_{II} = -\,4$; $n_{II} = -\,1$; $n_I = 0$.

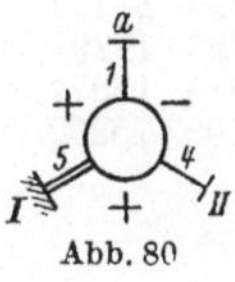

$i_{II/a} = -\,\dfrac{1}{4}$ (außer Bereich $0\cdots 1$), daher Gleichstromübersetzung. Nach Regel (10) gilt für absolut treibende Welle II der Kehrwert des Wirkungsgrades $\dfrac{1}{\eta_0}$ bzw. das Leistungsverhältnis $\varepsilon_{II/I} = 1/\eta_0 > 1.$

Abb. 80

Mit Gl. (9) wird $M_{II} = -4 = -\varepsilon_{II/I} \, M_I \, i_{I/II} = -\dfrac{10}{8} \, M_I \, \dfrac{4}{5} = -M_I$; $M_I = 4$;

$M_a = -M_I - M_{II} = -4 + 4 = 0$, d. h. bei $\eta_0 \leqq 0{,}8$ des Standgetriebes beginnt die Selbsthemmung.

b) *Umkehr* der *Kraftflußrichtung.* Jetzt gilt $\eta_0 = 8/10$.

Gegeben: Welle $a$ treibt $M_a = -1$; $n_a = -4$; $n_I = 0$; $i_{II/I} = +\dfrac{5}{4}$.

Mit Gl. (7) wird $M_{II} = M_a \dfrac{1}{i_{II/I}/\eta_0 - 1} = -\dfrac{1}{\dfrac{5}{4} \cdot \dfrac{10}{8} - 1} = -\dfrac{32}{50 - 32} = -\dfrac{16}{9}$.

Erreichter Wirkungsgrad $\eta_U = \left| \dfrac{M_{II} \, n_{II}}{M_a \, n_a} \right| = \dfrac{16 \cdot 1}{9 \cdot 1 \cdot 4} = \dfrac{4}{9} = 0{,}444 < 0{,}5$.

Der Wirkungsgrad eines selbsthemmenden Umlaufgetriebes ist nach Umkehr der Kraftflußrichtung bei *Gleichstrom kleiner,* bei *Gegenstrom größer* als 0,5.

Schlußbemerkung: Die in den Rechenbeispielen $6 \cdots 11$ angenommenen Standgetriebe-Wirkungsgrade $\eta_0 = 0{,}8$ bis $0{,}9$ wurden absichtlich niedrig gewählt, um ihren Einfluß auf den Getriebewirkungsgrad $\eta_U$ hervorzuheben. Wirkungsgrade moderner Getriebe liegen etwa bei $0{,}98 \cdots 0{,}99$ je Stirnradpaar.

Tabelle 32. *Evolventenfunktion* ev $\alpha = \mathrm{tg}\,\alpha - \alpha$

| $\alpha$ Grade | Minuten 0  ,0 | 6  ,1 | 12  ,2 | 18  ,3 | 24  ,4 | 30  ,5 | 36  ,6 | 42  ,7 | 48  ,8 | 54  ,9 |
|---|---|---|---|---|---|---|---|---|---|---|
| 10 | 0,00179 | 00185 | 00191 | 00196 | 00202 | 00208 | 00214 | 00220 | 00227 | 00233 |
| 11 | 00239 | 00246 | 00253 | 00260 | 00267 | 00274 | 00281 | 00289 | 00296 | 00304 |
| 12 | 00312 | 00320 | 00328 | 00336 | 00344 | 00353 | 00362 | 00370 | 00379 | 00388 |
| 13 | 00398 | 00407 | 00416 | 00426 | C0436 | 00446 | 00456 | 00466 | 00477 | 00487 |
| 14 | 00498 | 00509 | 00520 | 00532 | 00543 | 00555 | 00566 | 00578 | 00590 | 00603 |
| 15 | 0.00615 | 00628 | 00640 | 00653 | 00667 | 00680 | 00693 | 00707 | 00721 | 00735 |
| 16 | 00749 | 00764 | 00778 | 00793 | 00808 | 00823 | 00839 | 00854 | 00870 | 00886 |
| 17 | 00903 | 00919 | 00936 | 00952 | 00969 | 00987 | 01004 | 01022 | 01040 | 01058 |
| 18 | 01076 | 01095 | 01113 | 01132 | 01152 | 01171 | 01191 | 01211 | 01231 | 01251 |
| 19 | 01272 | 01292 | 01313 | 01335 | 01356 | 01378 | 01400 | 01422 | 01445 | 01467 |
| 20 | 0,01490 | 01514 | 01537 | 01561 | 01585 | 01609 | 01634 | 01659 | 01684 | 01709 |
| 21 | 01735 | 01760 | 01787 | 01813 | 01840 | 01867 | 01894 | 01921 | 01949 | 01977 |
| 22 | 02005 | 02034 | 02063 | 02092 | 02122 | 02151 | 02182 | 02212 | 02243 | 02274 |
| 23 | 02305 | 02337 | C2368 | 02401 | 02433 | 02466 | 02499 | 02533 | 02566 | 02601 |
| 24 | 02635 | 02670 | 02705 | 02740 | 02776 | 02812 | 02849 | 02885 | 02922 | 02960 |
| 25 | 0,02998 | 03036 | 03074 | 03113 | 03152 | 03192 | 03232 | 03272 | 03312 | 03353 |
| 26 | 03395 | 03436 | 03479 | 03521 | 03564 | 03607 | 03651 | 03695 | 03739 | 03784 |
| 27 | 03829 | 03874 | 03920 | 03966 | 04013 | 04060 | 04108 | 04156 | 04204 | 04253 |
| 28 | 04302 | 04351 | 04401 | 04452 | 04502 | 04554 | 04605 | 04657 | 04710 | 04763 |
| 29 | 04816 | 04870 | 04925 | 04979 | 05034 | 05090 | 05146 | 05203 | 05260 | 05317 |
| 30 | 0,05375 | 05434 | 05492 | 05552 | 05612 | 05672 | 05733 | 05794 | 05856 | 05918 |
| 31 | 05981 | 06044 | 06108 | 06172 | 06237 | 06302 | 06368 | 06434 | 06501 | 06569 |
| 32 | 06636 | 06705 | 06774 | 06843 | 06913 | 06984 | 07055 | 07127 | 07199 | 07272 |
| 33 | 07345 | 07419 | 07493 | 07568 | 07644 | 07720 | 07797 | 07874 | 07952 | 08031 |
| 34 | 08110 | 08189 | 08270 | 08351 | 08434 | 08514 | 08597 | 08680 | 08764 | 08849 |
| 35 | 0,08934 | 09020 | 09107 | 09194 | 09282 | 09370 | 09459 | 09549 | 09640 | 09731 |
| 36 | 09822 | 09915 | 10008 | 10102 | 10196 | 10292 | 10388 | 10484 | 10581 | 10680 |
| 37 | 10778 | 10878 | 10978 | 11079 | 11180 | 11283 | 11386 | 11490 | 11594 | 11700 |
| 38 | 11806 | 11913 | 12021 | 12129 | 12238 | 12348 | 12459 | 12571 | 12683 | 12797 |
| 39 | 12911 | 13025 | 13141 | 13258 | 13375 | 13493 | 13612 | 13732 | 13853 | 13974 |
| 40 | 0,14097 | 14220 | 14344 | 14469 | 14595 | 14722 | 14850 | 14979 | 15108 | 15239 |